soybean milk

rice paste

vegetable juice

herbal tea

soybean milk

rice paste

vegetable juice

herbal tea

乐悠
生活
LEYOU LIFE

喝出健康好体质

豆浆 米糊
果蔬汁 花草茶

张银柱 孛宝珍◎著

北京联合出版公司
Beijing United Publishing Co.,Ltd.

图书在版编目（CIP）数据

喝出健康好体质：豆浆 米糊 果蔬汁 花草茶/张银柱，
孛宝珍著.—北京：北京联合出版公司，2014.8（2024.9 重印）
（乐悠生活）
ISBN 978-7-5502-3375-1

Ⅰ.①喝… Ⅱ.①张…②孛… Ⅲ.①饮料–制作–基本知识
Ⅳ.① TS27

中国版本图书馆 CIP 数据核字（2014）第 173248 号

喝出健康好体质：
豆浆 米糊 果蔬汁 花草茶

作　　者：张银柱　孛宝珍
选题策划：北京日知图书有限公司
特约编辑：鹿　瑶
封面设计：段　瑶
责任编辑：徐秀琴　牛炜征
美术编辑：吴金周
版式设计：吴金周

北京联合出版公司出版
（北京市西城区德外大街 83 号楼 9 层 100088）
天津市光明印务有限公司　新华书店经销
字数 160 千字　710 毫米 ×1000 毫米　1 / 16　12 印张
2014 年 9 月第 1 版　2024 年 9 月第 2 次印刷
ISBN 978-7-5502-3375-1
定价：45.00 元

自序

随着生活节奏的加快和工作压力的增大，越来越多的人开始关注饮食健康。

俗话说："药补不如食补"，通过饮食来调节身体机能，既省时省力又安全有效，是现代人不错的选择。随着大众对饮食健康的重视，无论是网络还是电视节目都对补益药膳做了很多宣传，读者也已经从中学习了不少关于如何健康"吃"的知识。那么除了吃，我们要如何"喝"的也健康呢？

其实生活中经常食用的水果蔬菜，就是最好的饮品原材料。用蔬菜、水果与谷物进行科学合理的搭配，就可以制作出健康又美味的多款豆浆、米糊、果蔬汁。

果蔬中含有大量的蛋白质、维生素、膳食纤维、脂肪等物质，合理均衡地食用不仅可以维持身体的正常运转，加强身体对营养的吸收，而且果蔬中某些特殊的营养成分还会提高人体对疾病的抵抗力和免疫力，减少疾病对我们的侵害。通过摄取不同果蔬的养分，还可以达到预防和辅助治疗多种疾病的功效。

本书对如何正确地将果蔬与谷物搭配制成健康功能饮品进行了系统的介绍。书中从增强免疫力、消除便秘、健脾益胃、减肥塑身等十二个关键健康保养点入手，每个章节都介绍了多款豆浆、米糊、果蔬汁、花草茶的做法，针对每款饮品的不同配料，从中、西医双重角度提炼了其营养健康功效，一目了然、科学严谨，方便读者根据自身需求寻找最适合自己的那一款豆浆、米糊、果蔬汁、花草茶。

另外本书还提供了30余种健康主食、甜点的制作方法。搭配不同的豆浆、米糊、果蔬汁一起食用，相信会是一顿健康又美味的幸福下午茶。

张银柱　李宝珍

目录 CONTENTS*

最适合搭配豆浆米糊果蔬汁的
特色小品

主食

Health

豆浆、米糊、果蔬汁、花草茶，
喝对了才健康

　　"一碗热豆浆，驱寒保健康"道出了豆浆在老百姓心目中不可或缺的地位。豆浆之所以在人们心中不可取代，自然跟它的营养价值有关。在植物性食品中，只有豆类食品能与动物性食品相媲美。它是一种高蛋白、低脂肪食品，有着全面的营养，是理想的健康食品。豆类食品中还含有植物性脂肪，其中不饱和脂肪酸含量非常丰富，有助于降低血液中的胆固醇，豆类食品中胆固醇的含量几乎为零，而且含有的植物醇可抑制人体对胆固醇的吸收，所以，豆类食品对防治动脉硬化有很大的帮助。将豆类打制成豆浆，不仅醇香可口，更有助于消化吸收，是现代人最为健康的饮品之一。

　　食用米糊时，尽量少添加盐、糖等调味剂。过量的盐对肾脏是一种负担，通常人们吃的菜里面已经有了足够的盐分，不必在米糊中过度调味。否则喝米糊时，不知不觉就会摄入过量食盐。此外，米糊中含有足够的碳水化合物，长期食用多糖的米糊会摄入过量的碳水化合物和糖分，极易引起肥胖，引发或加重动脉硬化、高血压、糖尿病以及龋齿等疾病。尤其是空腹时，如果大量摄入糖分，会使血糖增高，不利于人体健康。如果想要改善米糊的口味，可以在制作时添加天然食材，如花生、蔬菜汁、胡萝卜泥、南瓜泥、苹果泥等，这样做出的米糊味道更好，营养也更加丰富。

　　果蔬汁是由新鲜的蔬菜瓜果组成，富含维生素及钙、磷、钾、镁等矿物质，可以充分补充人体每日所需营养，增强细胞活力。但饮用果蔬汁也并非越多越好。果汁不宜饮用过多、过频，更不能代替日常饮用水。长期大量饮用果蔬汁，容易导致营养单一、低血钠、颅内压增高，出现食欲减退、呕吐、头晕、贫血等症状。果蔬汁与水果蔬菜相比，最大不足在于大量的膳食纤维被破坏了。因此，不可用蔬果汁代替蔬菜水果，每日最好能额外摄入一定量的新鲜蔬菜和水果。鲜榨果蔬汁很容易变质，最好在半小时内饮用。如果夏天喜欢喝冷藏的果蔬汁，最好使用密封的玻璃罐贮存在冰箱中，防止变质和营养物质的损失。果蔬汁最好不要加热饮用，否则会破坏其中的维生素，榨汁后立即饮用是最有营养的。空腹状态时不宜饮用果蔬汁，以免冲淡胃液浓度，影响消化。喝完果蔬汁后，特别是临睡前，应注意漱口，防止果蔬汁残渣对口腔健康造成不利影响。

　　花草茶指的是用植物的根、茎、叶、花或皮等部分用水加以煎煮或冲泡，而产生芳香味道的草本饮料，也有很多人喜欢在传统花草茶中加入中国特有的名茶，如普洱、绿茶等。冲泡花草茶时，可以看见美丽的花朵与叶子在热水中复苏、伸展开来。随着水温的不同，有些花草茶还会展现不同的色彩。当然，热水注入时，所散发出的纯天然香气，更能让人感到心情舒畅。因此，除了有益健康外，饮用花草茶还可以愉悦身心。但是，饮用花草茶要格外注意时间段的选择，睡前、饭后、空腹时都不宜饮用，且平时饮用的时候也不要将花草茶冲的过浓，以免影响睡眠质量。

Soybean Milk

豆浆：
顺应时令喝豆浆，健康常在

　　中国人的养生原则一向遵循自然、顺应天地万物的变化，当然也包含了四季更迭，因此有"春生、夏长、秋养、冬藏"以及"春温、夏热、秋燥、冬寒"等说法。下面我们就以豆浆饮品为出发点，了解不同的季节里，饮用豆浆有哪些讲究。

　　春天气候从寒冷逐渐回温，不仅万物欣欣向荣，就连人体运作也随之活跃，所以此时此刻正是为健康打好基础的最佳时机。我们可以多饮用有养阳功效的豆浆，有助于机体快速适应季节交替的变化，保持身体健康。

　　夏季艳阳高照、雨水多，天气可用闷、热、燥来形容，人体也处于阳气旺盛的状态，心脏功能特别活跃。夏季宜多吃一些清淡的食物，还要注意营养的搭配，在日常饮食中，可选食牛奶、禽蛋、鱼虾、豆制品及新鲜蔬菜等。在这个季节喝上一杯爽口的豆浆，则可以清凉败火，生津止渴。

　　秋季包括立秋、处暑、白露、秋分、寒露、霜降六个节气，是由热转凉，再由凉转寒的过渡性季节。在金秋季节里，属性为水的肾脏是可利用能量最足的脏器。如果这个季节对肾脏进行适当的养护和补益，就意味着我们可顺应并借助着大自然的规律和力量来对我们的肾进行事半功倍的保养。饮用清肺益气的豆浆，可以润肺理气、健脾胃、增食欲，如果能经常饮用，效果更好。

　　冬季，天寒地冻，万物凋零，是寒冷当令季节，也是保养肾脏的最佳季节。中医理论寒气与肾气相通，寒与肾相应，最宜耗伤肾的阳气，肾阳不足很容易发生腰膝冷症，易感风寒，夜尿频多，阳痿遗精等疾病，肾阳气虚又伤及肾阴，肾阴不足，导致咽干口燥，头晕耳鸣等症。因此冬季要注意"养肾防寒"。多饮用有温补效果的豆浆，多晒太阳多穿衣服，避免过多出汗，过度劳累，少吃寒凉食物。

米糊：
天然食材，还原身体原动力

Rice Paste

米糊是把各种谷物经磨碎、水煮从而糊化后得到的物质，米糊是半固态的，具有一定的黏稠度。常用于制作米糊的谷物有：黑米、紫米、小米、玉米、高粱、小麦、大麦、燕麦、荞麦、红麦等。除此之外，薯类也可添加到米糊中。相对于其他饮品，米糊更容易被人体吸收，可迅速地为人体提供能量和营养。

米糊的营养与原料有关。如：大米性平、味甘，做成的米糊具有养胃益气、聪耳明目、健脾和胃的功效。黑米性温，做成的米糊可益气补血、暖胃健脾、滋补肝肾、平咳喘，特别适合脾胃虚弱、贫血失血、心悸气短、咳嗽、哮喘等人群饮用。

在米糊的制作过程中，通常还可适当加入干果、蔬菜、肉泥等作为搭配，提供更加丰富、均衡的营养，还原身体原动力。例如，花生米糊对动脉硬化、高血压和冠心病有预防作用，长期食用有助于提高记忆力；红薯米糊含有独特的黄酮素成分，可以抑制胆固醇的积累，保持血管弹性，长期食用还可以起到防癌的作用；芝麻米糊富含维生素A、维生素E及铁、钙等重要微量元素，可以护肝保心，缓解便秘，令头发亮泽、皮肤光滑，是早餐必食佳品。

果蔬汁、花草茶：
这么喝，不病不老养容颜

Vegetable Juice
Herbal Tea

果蔬汁含有丰富的营养，对延缓衰老、美容养颜有很好的作用。果蔬汁中含有大量水分，可及时为身体和皮肤补充水分、糖分及矿物质，对维持体内电解质平衡有一定作用。另外，果蔬汁中含有丰富的维生素和大量纤维素，经常饮用，可有效改善肤质，使皮肤白皙、细嫩、红润有光泽。

果蔬汁的合理搭配十分重要，不同的果蔬汁具有不同的作用。例如：葡萄与适量的芹菜榨汁饮用，可有效降低血压，调节内分泌，并有润泽肌肤、减轻皱纹、使皮肤保持嫩白红润的功效；柠檬榨汁饮用可以补充维生素C，防止皮肤和血管老化、消除面部色斑、使皮肤白嫩、还可以防治动脉硬化。

花草茶中的原料均源于自然，入口清香芳醇，可以坚持长期饮用，很符合现代人的养生习惯。选择适合自己的花草茶即有利于身体健康，又能通过芳香花草来怡情舒神，因此花草茶可作为"养生之源"、"疗病之药"和"时尚之品"。

茶叶中具有健康价值的有机物主要有多酚类、咖啡因、茶多糖、茶色素、维生素、氨基酸等，此外，还含有人体必需的14种微量元素。茶叶还有预防癌症、调节血脂、降低血糖等多种保健养生功效。

PART 1

增强免疫力

　　免疫力指的是人体自身抵抗外界疾病侵袭的能力。免疫力低下的人通常会有体质虚弱、营养不良、精神萎靡、疲乏无力、食欲降低、睡眠障碍等表现。免疫力低的人易生病且每次生病要较长时间才能恢复，病情容易反复。经常患病和久病不愈会加重机体消耗，使免疫力变得更差，从而形成恶性循环，甚至诱发重大疾病。所以，在日常生活中，我们一定要注意通过饮食调养和肌体锻炼来提高免疫力。

　　饮食调理是增强免疫力的好办法，豆浆可以补充大量优质的植物蛋白，而且容易消化吸收。新鲜的水果蔬菜榨汁，可以补充丰富的微量元素、水溶性维生素和膳食纤维，对提高免疫力、增强体质有非常好的效果。

材 料

黄豆……100克
白糖……适量

做 法

1 黄豆加水泡至发软，捞出，洗净。

2 将黄豆放入全自动豆浆机中，添水搅打成豆浆。

3 将豆浆过滤，加入适量白糖调匀即可。

提高免疫力的补益食品

黄豆豆浆

特色搭配美味小品
菊花包／**175**

老中医告诉你这样养：

　　黄豆性质平和，具有补脾益气、清热解毒、补虚润燥、清肺化痰、抗癌、增强免疫力等功效，被称为"心血管保健液"，是提高免疫力的补益食疗佳品。

营养师指导你这样喝：

　　1.黄豆豆浆中含有丰富的矿物质和维生素，有抗氧化、抗衰老、提高身体免疫力的作用，黄豆中还含有一种植物雌激素"黄豆苷原"，该物质可调节女性内分泌，使身体内分泌协调，达到强身健体的疗效。

　　2.女性坚持每天喝300~500毫升黄豆豆浆，可帮助增强体内微循环，促进身体排毒，达到养颜抗衰的效果。

贴心小提醒

❶不要喝未煮熟的豆浆。生豆浆含有皂素和胰蛋白酶抑制物，会使人产生恶心、呕吐、腹泻等中毒症状。

❷不能空腹喝豆浆。空腹喝豆浆后会使豆浆中的蛋白质过早的转化为热量而被消耗掉，无法发挥豆浆的养生功效。

补中益气，增强抵抗力的最佳选择

黄芪大米豆浆

特色搭配美味小品
虾酱窝头 / 174

老中医告诉你这样养：

黄芪性味甘平，入肺、脾经，有补中益气、固表止汗的功效。气虚者可在煲汤时或熬制豆浆时加入黄芪，以补一身之气，身体正气充足了，就不容易被邪气侵犯。另外，豆浆本身极富营养和保健价值，搭配补气的黄芪，非常适宜老年人饮用。

营养师指导你这样喝：

黄芪含皂甙，蔗糖，多糖，多种氨基酸，叶酸及硒、锌、铜等多种微量元素，有提高呼吸系统免疫功能的作用。可用于缓解因免疫力低下导致的供血不足、低血糖等症状，可增强脾脏功能和身体代谢能力。

材 料

黄豆……60克
黄芪……10克
大米……20克
蜂蜜……适量

做 法

1 黄豆用清水浸泡10～12小时，捞出洗净；大米淘洗干净；黄芪煎汁备用。

2 将黄豆、大米一同倒入全自动豆浆机中，倒入黄芪煎汁，再加入适量的清水至豆浆机上、下水位线之间，按下开关，待豆浆提示做好，过滤后凉至温热，加入蜂蜜调味即可。

健脾开胃、清热泻火，夏季增强抵抗力的好帮手

山药苦瓜豆浆

老中医告诉你这样养：

　　山药性平，有健脾补肺、固肾益精、聪耳明目、助五脏、强筋骨、延年益寿的功效；苦瓜味苦性寒，有健脾开胃、利尿活血、清热解毒、清心明目的作用。经常饮用山药、苦瓜搭配制作的豆浆，可以增强抗病能力。山药苦瓜豆浆虽然口感略带苦涩，却可消暑利尿、防病健体，是夏天不错的健康饮品。

营养师指导你这样喝：

　　1.现代营养师发现山药富含18种氨基酸和10余种微量元素及矿物质，可以防治脂质代谢异常及动脉硬化，对维持胰岛素功能有一定的作用，可增强人体免疫力。山药中的铜离子与结缔组织能促进人体发育，辅助治疗心血管系统疾病；钙离子能促进骨骼发育，防治骨质疏松。

　　2.苦瓜富含大量维生素C，科学家还从苦瓜中提炼出一种叫做奎宁精的物质，含有生理活性蛋白，能提高免疫系统功能，同时还利于促进人体皮肤新生和伤口愈合，增强皮层活力，使皮肤变得光滑细嫩。苦瓜与山药搭配大豆制成的豆浆，营养均衡，夏季经常饮用有增强抵抗力的功效。

材　料

黄豆……50克
山药……30克
苦瓜……30克
蜂蜜……适量

做　法

1 黄豆用清水浸泡10～12小时，捞出洗净。

2 山药洗净，去皮，切成丁；苦瓜洗净，去籽，切成小块。

3 将所有食材一同放入豆浆机中，加清水至上、下水位线之间，启动豆浆机，待豆浆制作完成后过滤，加入适量蜂蜜充分搅拌均匀即可。

贴心小提醒

❶脾胃虚寒者慎食。
❷苦瓜性寒，性收敛，可使血行减慢，因此经期和哺乳期的女性应少食或不食。
❸山药中的淀粉含量较高，胸腹胀满、大便干燥、便秘者少食。

健脾益气，润肺活血佳品

黑木耳薏米糊

特色搭配美味小品
驴打滚 / **178**

老中医告诉你这样养：

　　木耳味甘性平，有益气润肺、凉血止血、活血强志、美容养颜的功效；薏米具有健脾益气、补肺、清热、利湿的作用，且特别容易消化吸收，二者结合，可强脾健胃，适合脾胃虚弱者食用。

营养师指导你这样喝：

　　薏米营养价值丰富，含有的薏苡油能促进细胞免疫力和体液免疫力的提升，从而达到增强机体免疫力的效果。薏米中含有的薏苡脂能够阻止癌细胞的生长，具有一定的抗癌效果。薏苡仁还能促进体内血液和水分的代谢，加快新陈代谢。

材　料

薏米……85克
水发黑木耳……25克
红豆……25克
红枣……3颗
蜂蜜……适量

做　法

1 薏米、红豆分别洗净，放入豆浆机内，注入清水至下水位线，浸泡8小时。

2 水发黑木耳择洗干净，撕成小片；红枣洗净，去核。

3 将木耳和红枣放入豆浆机内，按"米糊"键打成米糊，调入蜂蜜即可。

补气养血，女性的贴心呵护

红豆枣紫米糊

特色搭配美味小品
香芋玫瑰酥／181

老中医告诉你这样养：

　　红豆味甘性平，有清热解毒、健脾益胃、利尿消肿的功效；红枣有健脾补血的作用；紫米能补血益气、暖脾胃、补虚养生。三者均性味平和，中医讲性平补益的作用，因此三者搭配，长期食用可补气养血、强身健体。

营养师指导你这样喝：

　　1.红豆营养价值丰富，铁含量高，有补血、促进血液循环、增强抵抗力的效果。

　　2.大枣富含的环磷酸腺苷，是人体代谢的必需物质，能增强肌力、消除疲劳、扩张血管、增加心肌收缩力、改善心肌营养，对防治心血管疾病有很好的效果。

　　3.紫米含丰富的铁质和蛋白质，是营养价值很高的补品，经常食用有延缓衰老的作用。每天坚持饮用三者搭配制成的豆浆，可以强身健体，增强机体免疫力。

材 料

紫米……75克
红豆……25克
红枣……5颗
白糖……适量

做 法

1 紫米、红豆洗净控水；红枣洗净，去核切丁。

2 将食材放入豆浆机内，加水至上、下水位线之间。浸泡8小时，按"米糊"键，提示做好后，加入白糖调味即可。

清热通便，老年性痴呆的克星

香蕉蛋黄米糊

特色搭配美味小品
夹心饼干／180

老中医告诉你这样养：

香蕉味甘性寒，依据中医"热者寒之"的原理，很适合体内燥热的人食用。香蕉还有通便、解酒、降血压、辅助治疗痔疮出血等功效。

营养师指导你这样喝：

1.香蕉能促进大脑分泌血清素，刺激神经系统，有一定安眠效果。

2.蛋黄中的卵磷脂被人体消化后可释放出胆碱，胆碱通过血液到达大脑，可以避免智力衰退，增强记忆力。卵磷脂还可促进肝细胞再生，提高人体血浆蛋白的含量，促进机体新陈代谢，增强免疫力。

材　料

大米……100克
香蕉……1根
熟鸡蛋黄……2个
盐……适量

做　法

1 香蕉剥皮，切成小丁；鸡蛋黄压碎；大米淘洗干净，沥去水分。

2 将大米放入豆浆机内，注入清水至上、下水位线间，浸泡30分钟，再加入香蕉和鸡蛋黄。

3 按常规打成米糊，调入盐搅拌均匀即可。

材 料

大米……100克
南瓜……100克
牛肉……50克
盐……适量

做 法

1 南瓜去皮及瓤，洗净切丁；
牛肉洗净切成粒；大米淘洗
干净，沥去水分。

2 将大米放入豆浆机内，注入
清水至下水位线，浸泡1小
时后，加入南瓜、牛肉粒和
盐，按常规搅打成米糊即可
食用。

特色搭配美味小品
香草全麦面包／183

贴心小提醒

❶气滞湿阻的人群不宜
多食南瓜。
❷老年人、儿童、消化
力弱的人不宜多吃。
❸感染性疾病、肝病、
肾病的人慎食。

补中益气，强筋健骨

牛肉南瓜米糊

老中医告诉你这样养：

牛肉味甘性平，归脾、胃经，有补中益气、滋养脾
胃、强健筋骨的功效，适于中气下隐、气短体虚、筋骨酸
软的人食用；南瓜味甘性温，入脾胃经，有补中益气、消
炎止痛的功效。主治久病气虚、脾胃虚弱、气短倦怠等病
症。二者结合有补中益气、提高正气、强身健体之效。

营养师指导你这样喝：

牛肉富含蛋白质，其所含的氨基酸成分非常符合人
体所需，经常食用能提高人体的抗病能力，促进生长。术
后、病后调养的人食用有补充失血、修复组织的功效。

温中益气、清热解毒、补虚疗伤的最佳搭档

鸡肉豆腐米糊

特色搭配美味小品
红茶面包／**183**

老中医告诉你这样养：

鸡肉性味甘温，入脾胃经，有温中益气、补虚填精、健脾胃、强筋骨的功效；豆腐味甘性凉，入脾胃大肠经，有益气和中、生津润燥、清热解毒的作用。二者搭配，益气温中功效倍增，又相互中和，是补虚疗伤，提高免疫力的最佳选择。

营养师指导你这样喝：

鸡肉营养丰富，脂肪含量偏低，且多为不饱和脂肪酸，蛋白质的含量较高，容易被人体吸收利用，有增强抵抗力、强壮身体的作用。

材 料

小米……100克
豆腐……25克
鸡肉……25克
鸡蛋……1个
盐……适量

做 法

1 小米用清水漂洗干净，沥去水分；鸡肉洗净，切成末；豆腐切小丁，用沸水焯一下；鸡蛋磕入碗内搅匀。

2 将小米放入豆浆机内，注入适量清水至下水位线，适当浸泡，再加入鸡肉和豆腐，按米糊模式制作。

3 倒入鸡蛋液，加适量盐调味，再煮开即可。

丰富的维生素C让疾病远离你

橘子香蕉汁

特色搭配美味小品
花生饼干／180

老中医告诉你这样养：

　　橘子味甘酸性凉，有生津止渴、开胃理气、止咳润肺、解酒醒神的功效；香蕉味甘性寒，可清热润肠、促进肠胃蠕动。二者结合，可以滋润肠胃，增强肠胃功能。

营养师指导你这样喝：

　　1.橘子富含维生素C，是天然抗氧化剂，可以提高机体的抗衰力和免疫力。

　　2.香蕉含糖量高，在体内可转变成热量，是补充体力的佳品。香蕉中的维生素A能促进生长，增强身体抵抗力，对视力也有一定保健作用。含有的硫胺素能促进食欲、助消化，保护神经系统。

　　3.橘子中维生素C的含量极高，但淀粉含量极少。而香蕉淀粉含量极为丰富，维生素C含量不足，二者搭配可实现营养互补。

材料

香蕉……2根
橘子……1个
凉开水……100毫升
蜂蜜……适量

做法

1 香蕉去皮，切成厚片；橘子洗净，去皮，掰成小瓣。

2 将香蕉片、橘瓣与凉开水一起放入榨汁机中榨汁，倒入杯中。

3 调入蜂蜜搅拌均匀即可。

菊花清润茶

材料
干菊花……5克
绿茶……5克
冰糖……适量

做法
1 将干菊花和绿茶一起放入冲茶器中，用沸水冲泡。

2 根据个人口味放入冰糖调味即可。

功效
此茶可以清热解毒、预防感冒、宁神明目，适用于春季忽冷忽热和干燥的气候，对肝火上升、喉咙干痒等换季时的不适症状有极好的缓解作用。

橘皮姜茶

材料
橘皮……5克
生姜……5克
红糖……适量

做法
1 锅中加入500毫升水煮沸，将橘皮和生姜放入，小火煮5分钟。

2 加红糖调匀饮用即可。

功效
除菌化痰，有效预防和治疗因秋季气候干燥、寒气入侵引起的感冒、咳嗽等病症。

PART 2
延缓衰老

　　衰老是指身体各器官功能逐渐衰退的过程，是一种自然规律。虽然人类无法违背这个规律，但却可以通过良好的生活习惯和饮食保健，有效地延缓衰老，并预防因衰老导致的各种疾病。

　　欲延缓衰老，科学的饮食结构是关键。科学的饮食结构中应均衡谷类、豆类、水果和蔬菜的摄入比例。随着年龄增大，心脏和动脉血管壁变厚变硬，从而加大了患高血压和血栓的风险，水果、蔬菜、谷类、豆类等食物可以有效降血压、降血脂。人体衰老的过程中，皮肤胶原蛋白生成开始变得缓慢，死皮细胞脱落减速，皮肤变得粗糙、没有光泽，很多果蔬汁中都富含胡萝卜素和番茄红素，有助于清除体内自由基，延缓皮肤衰老。

材 料

青豆……100克
白糖……适量

做 法

1. 将青豆淘洗干净，用清水浸泡10～12小时，捞出洗净。

2. 将青豆放入豆浆机中，加水至上、下水位线之间，启动豆浆机，搅打成豆浆。

3. 将豆浆过滤，加入适量白糖调味即可。

一碗青豆，补肝养肾强筋健骨

青豆豆浆

特色搭配美味小品

什锦糖包／**176**

老中医告诉你这样养：

　　青豆味甘性平，中医认为其有补肝养胃、滋补强壮、长筋骨、悦颜面、乌发明目的功效，每天食用青豆还可以延年益寿。

营养师指导你这样喝：

　　青豆含丰富的蛋白质及多种皂角苷、蛋白酶抑制剂、人体必需氨基酸。青豆中有抗氧化成分，可为人体提供儿茶素以及表儿茶素两种类黄酮抗氧化剂，可清除人体内的自由基达到延缓衰老的效果。长期食用有抗癌的功效。此外青豆中含有的 α -胡萝卜素和 β -胡萝卜素，有降胆固醇的功效。

贴心小提醒

严重肝病、消化性溃疡、动脉硬化、肾病、痛风、低碘等患者不宜食用青豆。

多重抗氧化剂共存，强效延缓衰老

牛奶开心果豆浆

特色搭配美味小品

芝麻年糕／177

老中医告诉你这样养：

牛奶俗称"白色血液"，味甘性平，有镇静安神、美容养颜、抑制肿瘤的功效；开心果味甘性平，能温肾暖脾、补益虚损、生津润肠、调中顺气，可以辅助治疗神经衰弱、贫血、营养不良等疾病。

营养师指导你这样喝：

1.牛奶中富含的维生素A和维生素B$_2$，可以防止皮肤干燥及暗沉，使皮肤白皙有光泽。

2.开心果含有的维生素E、原花青素、白藜芦醇均是抗氧化剂，可清除体内自由基和抑制脂质过氧化反应，从而延缓衰老。

材 料

黄豆……60克
开心果仁……20克
牛奶……250毫升
白糖……适量

做 法

1 将黄豆洗净，放入清水中浸泡10~12小时，捞出。

2 把开心果仁和浸泡好的黄豆一同倒入豆浆机中，加水至上、下水位线之间，启动豆浆机，搅打成豆浆。

3 依个人口味加入白糖调味，待豆浆凉至温热，倒入牛奶搅拌均匀即可。

甘甜清香，最好喝的美颜豆浆

苹果葡萄干豆浆

特色搭配美味小品

椰香龙虾酥 / 182

老中医告诉你这样养：

　　苹果味甘酸性平，有生津止渴、润肺除烦、健脾益胃、养心益气、润肠通便的功效；葡萄干性平，有补肝肾，益气血，生津液，利小便的作用。二者搭配是理想的补益食疗佳品。

营养师指导你这样喝：

　　1.苹果中富含维生素、多酚和黄酮类物质，这是三种天然强效抗氧化物，能够清除体内自由基，起到抗衰老的作用。苹果中还含有镁、硫、铁、铜、碘、锰、锌等微量元素，可使皮肤细腻、红润有光泽。

　　2.葡萄干内含有多种矿物质、维生素和氨基酸，有助于缓解疲劳。

材　料

黄豆……30克
大米……30克
苹果……1个
葡萄干……10克
冰糖……适量

做　法

1 将黄豆用水浸泡10～12小时，捞出洗净；大米淘洗干净，沥干备用；苹果洗净，去皮、去核，切成小方丁；葡萄干洗净，切碎备用。

2 将所有食材一同放入豆浆机中，加清水至上、下水位线之间，启动豆浆机，待豆浆制作完成后，过滤加冰糖拌匀即可。

材 料

黄豆……80克
花生仁……20克
白糖……适量

做 法

1 黄豆加水泡至发软，捞出洗净；花生仁去皮。

2 将黄豆、花生仁放入豆浆机中，添水搅打成豆浆。

3 将豆浆过滤，加入适量白糖调匀即可。

特色搭配美味小品
牛奶馒头 / 174

贴心小提醒

❶体寒湿滞、肠滑便泄者不宜服用。
❷花生含有大量脂肪，肠炎、痢疾等脾胃功能不良者不宜食用。

健脾养胃，延缓衰老

花生豆浆

老中医告诉你这样养：

　　花生味甘性平，有健脾养胃、润肺化痰的功效；黄豆味甘性平，有清肺化痰、通淋利尿、补虚润燥、润肤美容的作用。二者结合并长期食用可促进体态健美和防止衰老。

营养师指导你这样喝：

　　花生中含有丰富的抗氧化剂、维生素和矿物质。其中白藜芦醇是一种生物性很强的天然多酚类抗氧化物质，被列为最有效的抗衰老物质之一。

补血益精，长寿的秘密

芝麻黑米糊

特色搭配美味小品

凤梨妙芙 ／ **186**

老中医告诉你这样养：

　　黑芝麻味甘性平，香气诱人，能补肝肾、益精血、润肠燥；黑米有"黑珍珠"和"长寿米"之称，中医古书记载其有滋阴补肾、健身暖胃、清肝润肠、滑湿益精等功效，最适于孕妇、产妇补血之用。

营养师指导你这样喝：

　　1.芝麻营养价值极高，特别是富含的维生素E，能防止过氧化脂质对皮肤的危害，中和细胞内有害物质游离基的积聚，可使皮肤白皙润泽，青春永驻。

　　2.黑米中含有丰富的蛋白质、脂肪、碳水化合物、维生素及多种矿物质。黑米外部的皮层中含有花青素类色素，有很强的抗衰老作用。国内外研究表明，米的颜色越深，则表皮色素的抗衰老效果越强，黑米色素的作用在稻谷类中是最强的。

材　料

黑米……100克
黑芝麻……15克
白糖……适量

做　法

1 黑芝麻淘洗干净，晒干后炒熟；黑米淘洗干净，沥干。

2 将黑米放入豆浆机内，加清水至上、下水位线之间，泡8小时后加入黑芝麻。

3 按常规打成米糊，加白糖调味即可。

护心养脑的灵丹妙药

核桃花生米糊

特色搭配美味小品

红枣蛋糕／**186**

老中医告诉你这样养：

核桃性温味甘，无毒，有"万岁子"和"长寿果"之称，有补血养气、润肺平喘的功效；花生味甘性平，有健脾养胃、润肺化痰的作用。

营养师指导你这样喝：

1.核桃仁含有丰富的蛋白质和人体必需的不饱和脂肪酸，有增强脑功能、延缓人体衰老的功效。核桃仁富含维生素E，可使细胞免受自由基的氧化损害，帮助延缓衰老。

2.花生中含有的单脂肪酸和多不饱和脂肪酸有益于心脏健康。含有的白藜芦醇有抗氧化作用，可达到抗衰老的疗效。

材　料

大米……75克
核桃仁……25克
花生米……25克
白糖……适量

做　法

1 大米、核桃仁和花生米分别淘洗干净，沥干。

2 将大米、核桃仁和花生米一起放入豆浆机内，加清水至上、下水位线之间，浸泡8小时。

3 按常规打成米糊，加入白糖调味即可。

甜甜的抗老化时尚饮品

葡萄米糊

特色搭配美味小品

胡萝卜蛋糕／187

老中医告诉你这样养：

葡萄味甘微酸性平，入脾、肺、肾三经，有生津止渴、补益气血的功效。古书《神农本草经》记载：葡萄"益气培力，强志，令人肥健耐饥，久食轻身不老延年。"可见，经常食用葡萄有不老延年的功效。

营养师指导你这样喝：

葡萄含有丰富的维生素B_1、维生素B_2、维生素B_6、维生素C及多种人体所需的氨基酸，能辅助调理神经衰弱、疲劳过度。葡萄所含的鞣花酸、白藜芦醇均是天然的自由基清除剂，具有很强的抗氧化活性，可以有效调节肝脏细胞功能，帮助抵御或减少自由基的伤害，有抗老化的疗效。

材 料

小米……100克
葡萄……100克
冰糖……适量

做 法

1 葡萄洗净，用沸水略烫，撕去表皮，并用牙签剔净籽；小米淘洗净备用。

2 小米放入豆浆机内，注入清水至下水位线，浸泡8小时，加入葡萄和冰糖，按"米糊"键打成米糊即可。

晶莹剔透的抗衰老果蔬汁

白菜雪梨柠檬汁

特色搭配美味小品
葡萄蛋糕 / 187

老中医告诉你这样养：

　　白菜微寒，味甘性平，归肠胃经，有通利肠胃、养胃生津、除烦解渴、利尿通便、清热解毒的功效；雪梨味甘性寒，有生津润燥、清热化痰、解酒的作用。

营养师指导你这样喝：

　　1.白菜中含有丰富的维生素C和维生素E，有很好的护肤养颜效果，还能达到抗氧化延缓衰老的疗效。

　　2.梨中含有鞣酸、多种维生素，有祛痰止咳、降血压、软化血管壁、保护肝脏的功效。富含的果胶有助于提高胃肠功能和消化功能。此外梨还具有镇静、降压的作用。梨中富含的B族维生素，能保护心脏、减轻疲劳、增强心肌活力。此款果汁口感细腻，甘甜不腻，具有良好的调理补益作用。

材　料

雪梨……2个
白菜……100克
柠檬……1/2个
凉开水……100毫升
蜂蜜……适量

做　法

1 雪梨洗净，去皮、核，切块；白菜洗净，切成小片；柠檬洗净，去皮，切块。

2 将雪梨、白菜、柠檬、凉开水一起放入榨汁机中榨汁。

3 将汁过滤后倒入杯中，加入蜂蜜调匀即可。

滋润皮肤、青春永驻

鲜椰菠萝汁

老中医告诉你这样养：

　　椰子味甘性温，有生津止渴、利水消肿、杀虫消疳之功效；菠萝味甘微酸，性微寒，具有健胃消食、补脾止泻的作用。中医讲究性味中和，二者结合后互为中和达到性平，具有较为平和的补益调理作用。

营养师指导你这样喝：

　　椰汁含糖类、脂肪、蛋白质、生长激素、维生素和大量人体所必需的微量元素。能补充细胞内液、扩充血容量、滋润皮肤、延缓衰老，使美颜永驻；菠萝中的菠萝朊酶能分解蛋白质，溶解阻塞于组织中的纤维蛋白和血凝块、改善局部血液循环、消除炎症和水肿、预防心血管疾病的发生。

材　料

新鲜椰子……1个
菠萝……100克
蜂蜜……适量

做　法

1 将椰子用清水清洗干净，取里面的椰子汁备用。

2 将菠萝削皮，切成小块，和椰子汁、蜂蜜一起放入搅拌机中搅打均匀，倒入杯中用菠萝丁点缀即可。

材 料

青椒……2个
菠萝……200克
苹果……100克
蜂蜜……适量
柠檬汁……适量

做 法

1 苹果洗净，去皮、去核，切成丁。

2 青椒去蒂、籽，菠萝去皮、硬心，分别切成丁，与苹果丁一起放入榨汁机中榨汁。

3 榨汁完成后，加入蜂蜜、柠檬汁拌匀即可。

特色搭配美味小品

布朗尼蛋糕／188

贴心小提醒

❶溃疡病、肾脏病、凝血功能障碍者忌食。
❷火热病症或阴虚火旺者慎食。
❸眼疾、痔疮患者应少吃或忌食。

温中散寒，口味独特的抗氧化剂

青椒苹果菠萝汁

老中医告诉你这样养：

青椒味辛性热，入心脾经，有温中散寒、开胃消食的功效；苹果味甘酸性平，有生津止渴、健脾益胃、养心益气、润肠通便的作用；菠萝味甘微酸性微寒，具有健胃消食、清胃解渴等功用。

营养师指导你这样喝：

青椒特有的味道和所含的辣椒素有刺激唾液和胃液分泌的作用，能增进食欲，帮助消化，促进肠蠕动，防止便秘。辣椒素还是一种抗氧化物质，可抑制细胞组织的癌变和衰老，从而达到抗癌、防衰老的疗效。

清凉祛火，抗衰佳品

番茄芹菜汁

特色搭配美味小品
芝士面包／**185**

老中医告诉你这样养：

番茄味甘酸性凉，有生津止渴、健胃消食、清热解毒、凉血平肝、补血养血和增进食欲的功效；芹菜性凉味甘辛，入肺、胃、肝经，有清热除烦、平肝、利水消肿、凉血止血的功用。二者结合制成的蔬菜汁口感细腻，营养价值极高。

营养师指导你这样喝：

1.番茄中的番茄红素具有很强的抗氧化活性，可有效清除体内自由基、预防和修护细胞的损伤和衰老、淡化眼周黄斑、减少色素沉着、番茄含有苹果酸、柠檬酸等有机酸，能促使胃液分泌，有利于消化。

2.芹菜是高纤维食物，经肠内消化作用后会产生木质素，这类物质是一种抗氧化剂，可以抗癌防衰老，浓度高时还可抑制肠内细菌产生的致癌物质的生成。两种蔬菜结合，既提高了抗衰功效，又美味可口。

材 料

芹菜……100克
番茄……1个
蜂蜜……适量

做 法

1 芹菜去叶，洗净，切成小段；番茄洗净，去皮，切成小块。

2 把芹菜段、番茄块一同放入榨汁机中，加适量水搅打均匀，再加入蜂蜜调匀即可。

贴心小提醒

❶不宜与青瓜同食。
❷芹菜性凉，脾胃虚寒、大便溏薄者不宜多食。
❸芹菜有降血压作用，故血压偏低者慎用。

迷迭香草茶

材 料

干玫瑰……6朵
柠檬香茅……1克
迷迭香……1克
柠檬罗勒……1克

做 法

1 将柠檬香茅、迷迭香和柠檬罗勒剪成小段备用。

2 将剪好的茶材与干玫瑰花一起放入茶壶中，冲入700毫升沸水。

3 闷泡2分钟后饮用即可，可反复冲饮直至味淡。

功 效

　　此款茶饮能帮助提神，提高注意力，增强记忆力，缓解衰老。

蜜梨绿茶

材 料

绿茶……5克
蜜梨……1个
冰糖……适量

做 法

1 绿茶用沸水冲泡10分钟。

2 蜜梨洗好，去核，切成小块，与500毫升凉开水一起放入榨汁机中榨汁；榨好汁后沥出渣滓。

3 泡好茶后，滤出茶叶，将蜜梨汁加入泡好的茶水中，按自己的口味调入冰糖即可。

PART 3

消除便秘

　　便秘是在高压力社会中非常普遍的症状，所以很多人都不予重视，殊不知实际上便秘对身体健康的危害十分巨大。

　　长期便秘会影响体内毒素的排出，长时间积存在体内，从而生成更多的毒素，并会影响新陈代谢的正常速度，引发多种疾病。

　　导致便秘的原因很多，如进食量过少、食物过于精细缺乏纤维素、身体水分不足、工作生活节奏过快、精神紧张等都会引发便秘。要消除便秘，就要改变自己的生活习惯和饮食习惯。

　　就饮食来说，要多食用含纤维素较多的蔬菜和水果，并适当摄取粗糙而多渣的杂粮，可将这些食材进行合理搭配做成美味的豆浆、米糊、果蔬汁，相信你很快就会"便"轻松。

材 料

豌豆……100克
白糖……适量

做 法

1 将豌豆淘洗干净，用清水浸泡10～12小时，捞出，沥干备用。

2 将泡好的豌豆放入豆浆机中，加水至上、下水位线之间，启动豆浆机，将豌豆搅打成豆浆。

3 将豆浆过滤，加入适量白糖调味即可。

富含粗纤维，轻松赶走便秘

豌豆豆浆

老中医告诉你这样养：

豌豆味甘性平，归脾、胃经，具有益中气、止泻痢、利小便、消痈肿、解乳石毒的功效。可以辅助治疗脚气、乳汁不通、脾胃不适、呃逆呕吐、心腹胀痛、口渴泄痢等病症。

营养师指导你这样喝：

豌豆中的优质蛋白质可以提高机体抗病能力。富含的粗纤维，能促进大肠蠕动，保持大便通畅，起到润肠通便的作用。富含的胡萝卜素，可减少癌细胞的形成，降低患癌症的风险。

> **特色搭配美味小品**
> 田艾糍粑／179

贴心小提醒

多食豌豆会引发腹胀，故不宜大量食用。

滋润肠道、通畅排便

蜂蜜绿豆豆浆

特色搭配美味小品
豌豆黄／179

老中医告诉你这样养：

　　蜂蜜有调理肠胃、益气补血、润肠通便、美容养颜的功效；绿豆性凉味甘，有清热解毒、消暑除烦、止渴养胃的作用。二者结合既清热排毒，又润肠通便，有一定美容养颜的疗效。

营养师指导你这样喝：

　　1.蜂蜜中的氧化酶和还原酶对美白肌肤、清除体内毒素有很好的作用。所含有的B族维生素可帮助缓解疲劳，增强抵抗力。

　　2.绿豆有很好的调节脂肪代谢、增强肠道蠕动作用。与蜂蜜同食，营养更为丰富，对有效排出体内毒素，消除便秘有很好疗效。

贴心小提醒

❶未满一岁的婴幼儿不宜吃蜂蜜。
❷寒凉体质的人不宜多食此款饮品。

材 料

黄豆……50克
绿豆……40克
蜂蜜……适量

做 法

1 将黄豆、绿豆分别浸泡至软，捞出洗净。

2 将黄豆、绿豆一同放入豆浆机中，加清水至上、下水位线之间，启动豆浆机，待豆浆制作完成后过滤，倒入蜂蜜搅匀即可。

材 料

绿豆……50克
西芹……50克
冰糖……适量

做 法

1 绿豆浸泡至软，捞出洗净；
　西芹择洗干净，切小段。

2 将所有食材一同放入豆浆机
　中，加清水至上、下水位线
　之间，启动豆浆机，待豆浆
　制作完成后过滤，加冰糖搅
　拌至化即可。

膳食纤维，便秘的天然克星

芹菜绿豆豆浆

特色搭配美味小品
吐丝艾窝窝／178

老中医告诉你这样养：

　　芹菜性凉味甘辛，入肺、胃、肝经，有清热除烦、利
水消肿的功用；绿豆性凉味甘，有清热解毒、止渴健胃的
作用。二者同时食用，可消除体内湿热，促进排便。

营养师指导你这样喝：

　　1.芹菜是高纤维食物，能吸收肠道的水分从而起到润
肠通便的作用。

　　2.绿豆中所含蛋白质、磷脂有兴奋神经、增进食欲的
功能。含有的球蛋白和多糖，能促进胆固醇在肝脏中分
解成胆酸，加速胆汁中胆盐分泌并降低小肠对胆固醇的吸
收，从而防治心血管疾病的发生。

贴心小提醒

❶常吃芹菜有杀精作
用，因此准备生育的男
士应少食或忌食。
❷绿豆性寒，芹菜性
凉，脾胃虚寒、大便溏
薄者不宜多食。
❸芹菜有降压作用，
因此血压偏低者不宜
食用。

美味营养的润肠佳品

杏仁菠菜米糊

特色搭配美味小品
开花发糕／175

老中医告诉你这样养：

　　杏仁味苦性温，入大肠经，有调节肠道、宣肺止咳、降气平喘、润肠通便的功效；菠菜味甘性凉，入大肠、胃经，有补血止血、通肠胃、活血脉、敛阴润肠、滋阴平肝的作用。二者联合可以辅助治疗肠燥便秘、头痛、风火赤眼、大便涩滞等病症。

营养师指导你这样喝：

　　1.杏仁能够降低人体内胆固醇的含量，降低心脏病的发病率。

　　2.菠菜中含有的大量植物纤维能促进肠道蠕动，缓解便秘，还能促进胰腺分泌，帮助消化。含有的铁质能辅助治疗缺铁性贫血。

材　料

大米……100克
菠菜……50克
罐装甜杏仁……25克
盐……适量

做　法

1 菠菜择洗干净，焯水过凉，切成小段；大米淘洗干净，沥干水分。

2 将大米放入豆浆机内，加清水至下水位线，浸泡8小时，加入菠菜和杏仁。

3 按"米糊"键打成米糊，加盐调味即可。

一碗美味米糊，从此远离便秘烦恼

苹果梨蕉米糊

老中医告诉你这样养：

　　苹果味甘酸性平，有生津止渴、健脾益胃、润肠通便的作用；梨味甘微酸性凉，入肺、胃经，有生津润燥、清热化痰的功效；香蕉味甘性寒，能润肠通便、降血压。

营养师指导你这样喝：

　　1.苹果中的锌元素有利于促进儿童生长发育，增强记忆力。含有的有机酸和膳食纤维可促进肠蠕动，使大便松软，便于排泄，可用于辅助治疗大便干燥。

　　2.雪梨中的果胶含量很高，有助于消化、通利大便。

　　3.香蕉富含食物纤维，可刺激大肠蠕动，通便效果很好。

特色搭配美味小品

豆沙包 / 176

材料

大米……100克
苹果……1/2个
雪梨……1/2个
香蕉……1根
冰糖……适量

做 法

1 苹果、雪梨分别洗净，去皮、核，切成小丁；香蕉剥皮，切成片；大米淘洗干净，沥去水分；冰糖碾碎。

2 将大米放入豆浆机内，注入清水至下水位线，浸泡8小时，再加入雪梨丁和冰糖。

3 按常法搅打两遍后，再加入苹果丁和香蕉片，继续搅打成糊即可。

清香美味，一身轻松

桂花猕猴桃米糊

特色搭配美味小品
杏仁核桃酥 / **182**

老中医告诉你这样养：

桂花味辛性温，有生津健胃、活血益气、化痰止咳的功效；猕猴桃性寒，有生津解热、调中下气、止渴利尿、滋补强身之功效。

营养师指导你这样喝：

猕猴桃富含钙、磷、铁、钾等多种矿物质元素，并且含有丰富的维生素和优良的膳食纤维，能清热降火，可有效预防和治疗便秘。富含的维生素C和抗氧化物质有增强抵抗力及美白的功效。

贴心小提醒

❶猕猴桃性寒，脾胃虚寒、便溏腹泻者应慎食。

❷先兆性流产、月经过多和尿频者忌食。

❸食用猕猴桃后不要马上喝牛奶或吃其他乳制品。

材 料

大米……100克
猕猴桃……1个
糖桂花……适量

做 法

1 猕猴桃去皮，切成小丁；大米淘洗干净，沥去水分。

2 将大米放入豆浆机内，注入清水至下水位线，泡8小时，再加入猕猴桃，按常法打成糊后，洒上糖桂花即可。

每天一杯芒果汁，做"无毒"美人

芒果汁

老中医告诉你这样养：

　　芒果性平味甘，有生津止渴、益胃止呕、通便利尿的功效。经常食用不仅能润肠通便，还能美白肌肤，延缓衰老。

营养师指导你这样喝：

　　芒果素有"热带果王"的美称。芒果中维生素A的含量非常高，这在水果中比较少见；其次芒果中维生素C和粗纤维的含量也不容小视，芒果果肉可以促进肠道蠕动，防治便秘，同时还可以起到润肤、美白的功效。

特色搭配美味小品

蔬菜黄油面包／184

材料

芒果……2～3个
凉开水……150毫升
冰块……适量
白糖……适量

做法

1 芒果洗净，去皮，用刀将芒果肉从芒果核上仔细地切下来，并切成小块。

2 把芒果块、凉开水与冰块一同放入榨汁机中榨汁。

3 榨好后倒出汁，如果喜欢口味更甜一些，加少许白糖即可。

果香扑鼻、心情愉悦跟便秘说再见

苹果香瓜汁

老中医告诉你这样养：

　　苹果味甘酸性平，有生津止渴、健脾益胃、养心益气、和胃降逆、润肠通便的作用；香瓜味甘性寒，有清热解暑、利尿消肿的功效。

营养师指导你这样喝：

　　1.苹果和香瓜均是营养丰富的水果，二者均含有丰富的植物纤维，可有效缓解便秘。

　　2.苹果还有调节肠胃功能、降低胆固醇、降血压、防癌、减肥、增强儿童记忆力的作用。苹果的香气还可明显消除心理压抑感，以缓解精神紧张造成的便秘。

　　3.香瓜中含有苹果酸、葡萄糖、氨基酸、甜菜茄、维生素C等营养物质，与苹果一起食用可以预防和治疗便秘，此款饮品是便秘的天然克星。

特色搭配美味小品
酸奶鲜果蛋糕／**188**

材　料

苹果……1/2个
香瓜……200克
凉开水……100毫升
蜂蜜……适量

做　法

1 苹果洗净，去皮、核，切成小块；香瓜洗净，去皮、籽，切成小块。

2 将苹果块、香瓜块和凉开水一起放入榨汁机，搅拌30秒后倒出。

3 加入适量蜂蜜调匀即可。

健康肠道，动动更健康

香蕉菠萝汁

老中医告诉你这样养：

中医认为香蕉味甘性寒，有润肠通便、降血压的功效，可辅助治疗便秘、痔疮；菠萝味甘微酸性平，有补益脾胃、生津止渴、润肠通便作用。

营养师指导你这样喝：

1.香蕉富含钾元素，而钾元素可以加速肠道蠕动，因此香蕉具有一定的通便功效。

2.菠萝中的菠萝蛋白酶和菠萝朊酶能有效分解食物中的蛋白质，促进肠胃蠕动，防治便秘。长期食用可改善局部血液循环，消除炎症和水肿。

材　料

香蕉……1根
菠萝……100克
蜂蜜……适量

做　法

1 将香蕉剥皮，切段备用。

2 将菠萝削皮，切小块，和香蕉一起放入搅拌机中，加适量水搅打均匀，再加蜂蜜调味即可。

贴心小提醒

❶香蕉性寒，脾胃虚寒、胃痛、腹泻者应少食，胃酸过多者最好不吃。
❷患有溃疡病、肾脏病、凝血功能障碍的人应禁食菠萝，发烧及患有湿疹疥疮的人也不宜多吃。

津液充足也能助你远离便秘

苹果雪梨汁

特色搭配美味小品
凤梨妙芙 / **186**

老中医告诉你这样养:

苹果味甘酸性平,有生津止渴、健脾益胃、养心益气、和胃降逆、润肠通便的作用;雪梨性凉味甘微酸,有生津润燥、清热化痰、解酒的功效。二者搭配,可有效预防便秘。

营养师指导你这样喝:

1.苹果不仅可以调节肠胃功能,还能降低胆固醇、降血压、防癌、减肥。苹果中的有机酸和纤维素可促进肠蠕动,使大便松软,便于排泄,因此经常食用可以缓解大便干燥、便秘的痛苦。

2.雪梨易被人体吸收,有增进食欲、保护肝脏的作用。梨中富含的果胶有促进消化、通利大便的功效。

材料

苹果……200克
雪梨……200克
蜂蜜……适量
柠檬汁……适量

做法

1 苹果、雪梨均洗净,去皮、核,切块。

2 将苹果块和雪梨块一起放入榨汁机中榨汁。

3 将果汁过滤后倒入杯中,加入适量蜂蜜、柠檬汁搅匀即可。

绿色蔬菜中的两大"纤维素之王"

芦笋芹菜汁

老中医告诉你这样养：

　　芹菜性凉味甘辛，入肺、胃、肝经，有清热除烦、平肝、利水消肿、凉血止血的功用；芦荟味苦性寒，有泻火、解毒、化瘀、杀虫的作用，并且有"天然美容师"的称号，是苦味的泻下剂，能够提高脂肪代谢能力、胃肠功能和排泄系统功能。

营养师指导你这样喝：

　　1.芹菜含有较多的铁和钙，因此是补铁、补钙和治疗缺铁性贫血的最佳蔬菜。芹菜还是高纤维食物，能吸收肠道中的水分，起到润肠通便的作用。

　　2.芦荟含有的芦荟素可加强胃肠功能，增强食欲。芦荟素和芦荟甙能刺激大肠蠕动，加快消化液的分泌，经常食用，不仅能润肠通便，还能保养肌肤。

材　料

芦笋……100克
芹菜（去叶）……50克
凉开水……100毫升
冰块……适量
柠檬汁……适量
蜂蜜……适量

做　法

1 芦笋去皮，与芹菜分别洗净，切成小段备用。

2 将芹菜段、芦笋段、凉开水放入榨汁机中榨汁。

3 将菜汁倒入装有冰块的杯中，加入柠檬汁、蜂蜜调匀即可。

贴心小提醒

❶脾胃虚弱者禁食。
❷配合芦荟汁面膜，可以更好地养护肌肤。

杞花决明茶

材　料

决明子……20克
菊花……10克
金银花……10克
枸杞子……5克

做　法

1 将决明子和枸杞子洗净，沥干备用。

2 将金银花和菊花放入壶中，加入1000毫升沸水冲泡，再放入决明子和枸杞子闷泡5分钟。

3 滤渣取汁饮用即可。

功　效

　　金银花和菊花具有清热效果，而决明子可以润肠通便，帮助肠胃蠕动，因此此款茶饮能够去火，排毒通便。

柠檬草玫瑰茶

材　料

柠檬草干叶……8克
玫瑰干蕾……1克
金莲花干蕾……1克
迷迭香干叶……1克

做　法

1 把柠檬草干叶、玫瑰干蕾、金莲花干蕾、迷迭香干叶分别放入杯中。

2 倒入90℃热水300～500毫升，闷泡5分钟左右即可。

PART 4

健脾益胃

　　正所谓"民以食为天"，均衡饮食是身体健康的首要保证。如果脾胃功能不好，会直接影响人体对食物的消化和吸收，容易产生消化不良、食欲不振等症状。"吃"上出了问题，健康自然也会受到威胁。所以，要想身体健康，健脾益胃十分关键。健脾益胃主要在于预防，日常饮食中要多吃一些具有补脾气作用的食物，如性平味甘、营养丰富易消化的平补食品等。这类食物中尤以谷物、豆类为佳；少吃性质寒凉，易损伤脾气、味厚滋腻的食品，如海产品等。

材 料

黄豆……60克
薏米……10克
干百合……10克
白糖……适量

做 法

1 黄豆用清水浸泡发软，洗
净；薏米、干百合洗净，泡
水3小时。

2 将黄豆、薏米和百合放入全
自动豆浆机中，添水搅打成
豆浆。

3 将豆浆过滤，加入适量白糖
调匀即可。

夏秋季健脾清热好帮手

薏米百合豆浆

特色搭配美味小品

豆沙包 / 176

老中医告诉你这样养：

　　薏米和百合均味甘性微寒，是夏季滋养的最佳选择
之一。薏米有健脾清热、补肺益气的功效；百合有理脾健
胃、滋阴清热的作用。二者联合可健脾理气、滋阴清肺，
是非常适合夏秋季节饮用的豆浆。

营养师指导你这样喝：

　　薏米中的薏苡仁酯有抗癌的功效。薏米醇有降压、利
尿、解热、驱除蛔虫的作用，可预防高血压、尿路结石、
尿路感染、蛔虫病等症。此外，薏米仁中蛋白质的含量在
禾科植物种子中最高，矿物质、维生素B_1、维生素B_2的含
量也比普通白米高很多，能有效促进新陈代谢。

贴心小提醒

❶百合以野生的为佳。
❷风寒咳嗽、虚寒出血
者忌食。

果仁中的两大明星助力健康脾胃

双仁黑豆米糊

特色搭配美味小品

驴打滚 / **178**

老中医告诉你这样养：

　　双仁指的是花生仁和核桃仁，这两者均是补益上品，花生味甘性平，有健脾养胃、润肺化痰、滋养调气的功效；核桃素有"长寿果"之称，有补肾温肺、润肠通便的作用；黑豆有开胃、健脾、滑涩补精之功用。

营养师指导你这样喝：

　　1.花生含有较多维生素E和锌，可有效增强记忆力、延缓脑功能衰退、滋润皮肤。

　　2.核桃含有丰富的植物油脂，可以滋润肠胃，促进消化。

　　3.黑豆富含蛋白质、碳水化合物、多种维生素，营养丰富均衡。

材　料

大米……50克
黑豆……50克
花生仁……20克
核桃仁……10克
酸枣汁……适量
白糖……适量

做　法

1 黑豆晒干，用料理机打碎去皮。

2 黑豆碎、大米和花生仁、核桃仁一起放入豆浆机内，加清水至下水位线，浸泡8小时，再加入酸枣汁打成糊，最后加入白糖调味即可。

材 料

大米……100克
菜花……50克
番茄……1个
冰糖……适量

做 法

1 菜花洗净，切丁；番茄洗净，去皮，切丁；大米淘洗干净，沥干；冰糖碾碎。

2 将大米放入豆浆机内，注入清水至下水位线，浸泡8小时，再加入菜花和冰糖。

3 按常法搅打两遍后，加入番茄丁继续搅打成糊即可。

健胃消食养脾胃的妙手

番茄菜花米糊

特色搭配美味小品

豌豆黄／179

老中医告诉你这样养：

　　番茄味甘酸性微寒，有生津止渴、健胃消食、清热解毒、增进食欲的功效。可辅助治疗热病烦渴，胃热口渴等症；菜花性平味甘，有强肾壮骨、补脑填髓、健脾养胃、清肺润喉的作用。二者化为米糊，有健脾养胃的功效。

营养师指导你这样喝：

　　1.番茄中的苹果酸、柠檬酸能促使胃液分泌、增加胃酸浓度、调节胃肠功能、辅助消化、润肠通便、防治便秘、促进胃肠疾病的康复。

　　2.菜花中的胡萝卜素可分解致癌物中的酶，减少肿瘤的发生。含有的多种衍生物能预防妇科肿瘤的发生。

贴心小提醒

菜花不耐高温，烹饪时爆炒时间不可过长，以防养分丢失。

平补三焦，最美味的健脾益胃食品

南瓜山药米糊

特色搭配美味小品

田艾糍粑／**179**

老中医告诉你这样养：

南瓜有补益肝脾、温体润肺的功效，可以辅助治疗胃痛、手脚冰冷、疼痛、胎像不稳等病症；山药是滋补圣家，味甘性平，有平补三焦、健脾、补肺、固肾的作用。

营养师指导你这样喝：

1.南瓜含有丰富的胡萝卜素可在体内转换成维生素A，可辅助治疗胃溃疡、预防感冒。

2.山药能增进食欲、改善消化、降低血糖、调节自主神经、增强体质。含有的淀粉酶和多酚氧化酶能够促进脾胃对食物的消化吸收能力。

材　料

南瓜……100克
大米……75克
山药……50克
盐……适量

做　法

1 南瓜洗净，去皮及瓤，切成小丁；山药洗净，去皮，切成小丁；大米淘洗干净，沥去水分。

2 将大米放入豆浆机内，加入清水至下水位线，浸泡8小时后，再加入南瓜、山药和盐，按"米糊"键打成糊即可。

益胃生津，最好喝的养胃果汁

芒果橙汁

特色搭配美味小品
花生饼干／**180**

老中医告诉你这样养：

　　芒果味甘性凉，有益胃生津、止渴、止呕、利尿的功效，适用于口渴咽干、胃气虚弱、眩晕呕逆等症；橙子味酸甘，有养阴清热、生津止渴、健脾滋肝养胃的作用。二者搭配可实现健脾养胃且功效倍增。

营养师指导你这样喝：

　　1.芒果富含β-胡萝卜素，有美白明目的作用。富含的多酚类物质能降低抗炎症反应、降血糖。含有的芒果酸能促进消化，保护胃肠功能。

　　2.橙子富含维生素C，有抗氧化、抗肿瘤、提高身体免疫能力的功效。橙子的酸甜芳香本身就有开胃消食的作用。橙子与芒果搭配，适用于胃酸分泌减少、食欲差的人群。此外，此款果汁还能美容养颜，使皮肤白嫩红润。

材　料

芒果……2个
甜橙……1个
凉开水……80毫升
冰块……适量

做　法

1 芒果洗净，去皮，剥取芒果肉，切块；甜橙洗净，去皮，切块。

2 将处理好的芒果和甜橙与凉开水一起放入搅拌机中搅拌30秒。

3 将果汁倒出，加入冰块搅拌均匀即可。

给你一个健康的消化系统

蜜桃苹果汁

特色搭配美味小品
椰香龙虾酥 / **182**

老中医告诉你这样养：

　　水蜜桃有补益气血、养阴生津的功效；苹果为"水果王后"，有生津止渴、润肺除烦、健脾益胃、养心益气、润肠、止泻、解暑、醒酒等作用。二者搭配互补，除了健脾养胃外，还可使皮肤白皙。

营养师指导你这样喝：

　　1.蜜桃含有大量胶质物，可在大肠中吸收足够多的水分，达到预防便秘的作用。蜜桃中含有较多有机酸和纤维素，可以促进食欲、帮助消化。

　　2.苹果中的纤维素能使大肠内的粪便变软，从而达到润肠通便的效果。

贴心小提醒

未成熟的桃子不能吃，否则会腹胀或生疟痢。

材　料

苹果……1个
蜜桃……1个
蜂蜜……适量

做　法

1 苹果洗净，去皮、核，切成小块；蜜桃洗净，去皮、核，切成小块。

2 将处理好的苹果、蜜桃放入榨汁机中，放入适量水，榨成果汁。

3 将榨好的汁倒入杯中，加入蜂蜜搅拌均匀即可。

"水果之王"与"蔬菜之最"的神奇搭配

猕猴桃综合果汁

特色搭配美味小品

土豆面包／**184**

老中医告诉你这样养：

猕猴桃味甘酸性寒，有生津解热、止渴利尿、滋补强身的功效；橙子味酸性寒凉，入肝胃经，有和胃降逆、宽胸散结的作用；油菜味辛性温，无毒，入肝肺脾经，可以消肿解毒、润肠通便。三者寒温中和，使性味平和，特别适合胃热的人食用。

营养师指导你这样喝：

1.猕猴桃中含有精氨酸，能有效改善血液流动，阻止血栓的形成，预防心血管疾病的发生。

2.油菜含有大量胡萝卜素和维生素C，有助于增强机体免疫能力。

材 料

猕猴桃……2个
橙子……1个
油菜……100克

做 法

1 猕猴桃洗净，去皮，切成小块；橙子洗净，去皮，切成小块。

2 油菜洗净，切成小段备用。

3 将猕猴桃、橙子、油菜放入搅拌机中，放入适量水搅打均匀即可。

材 料

草莓……10颗
酸奶……200毫升
蜂蜜……适量

做 法

1 草莓去蒂，洗净，对半剖开。

2 将草莓与酸奶一起放入搅拌
  机搅打1分钟，加入蜂蜜调
  匀即可。

特色搭配美味小品
芝士面包 / **185**

贴心小提醒

❶酸奶过敏者不宜饮用。
❷不宜空腹饮用。

甜蜜诱人、美味难挡的健脾果汁

草莓酸奶汁

老中医告诉你这样养：

　　草莓性味甘凉，入脾胃肺经，有润肺生津、健脾和胃
的功效。搭配酸奶一起食用可调理肠道功能。

营养师指导你这样喝：

　　1.草莓中含有的有机酸、果胶和食物纤维可促进胃肠
道蠕动、润肠通便，辅助治疗食欲不振、腹胀、消化不良
等病症。

　　2.酸奶中含有大量的益生菌，可帮助调节肠道功能，
促进消化吸收。酸奶中所含的乳酸与钙结合还能促进钙的
吸收。

奇特美妙的味觉回忆，给你健康的脾胃

甜椒圣女果汁

老中医告诉你这样养：

　　甜椒味辛性热，有温中散寒、开胃消食的功效，可以温暖胞宫，辅助治疗痛经；圣女果又称"小金果"，有健脾养胃、生津止渴的作用。二者搭配，甜辣相互中和，口感和营养都更加均衡。

营养师指导你这样喝：

　　1.甜椒果实中的营养非常丰富，其中的维生素C含量比茄子、番茄还要高。芬芳辛辣的辣椒素能刺激唾液和胃液分泌、增进食欲、帮助消化、促进肠蠕动，防止便秘。辣椒素还是一种抗氧化物质，能够抑制癌细胞组织的癌变过程。

　　2.圣女果中含有的谷胱甘肽和番茄红素可促进人体的生长发育，增强抵抗力、延缓衰老。另外，番茄红素可保护人体不受香烟和汽车废气中致癌毒素的侵害，对肝病也有辅助治疗作用。

特色搭配美味小品

红枣蛋糕／**186**

材 料

圣女果……100克
红甜椒……2个
凉开水……100毫升
辣椒水……适量

做 法

1 圣女果去蒂，洗净，切两半；红甜椒洗净，去蒂、籽，切小块。

2 将圣女果、红甜椒、凉开水一同放入榨汁机中榨汁。

3 滴入辣椒水，搅拌均匀即可。

健脾消食的"小人参"

胡萝卜汁

特 色 搭 配 美 味 小 品

葡萄蛋糕／187

老中医告诉你这样养：

胡萝卜有"小人参"之称，性温味甘，有健脾消食、补肝明目、清热解毒、透疹、降气止咳的功效。营养价值高，性情平和，一般人均可食用。

营养师指导你这样喝：

胡萝卜含有丰富的胡萝卜素、维生素C和B族维生素。含有的植物纤维吸水性强，在肠道中体积容易膨胀，是肠道中的"充盈物质"，可加强肠道的蠕动，缓解便秘症状。转化生成的维生素A能明目，还能增强身体的免疫功能，对癌症、高血压、干眼症、营养不良、食欲不振者有较好的补益及辅助治疗作用。

材 料

胡萝卜……3根
凉开水……100毫升
冰糖……适量

做 法

1 胡萝卜去皮，洗净，切块。

2 将处理好的胡萝卜块放入榨汁机中，加凉开水榨汁。

3 根据个人喜好加适量冰糖，搅至冰糖溶化即可。

糙米口感虽粗糙，营养却是上佳品

糙米花生米浆

特色搭配美味小品

菊花包 / 175

老中医告诉你这样养：

稻谷脱壳后仍保留着外皮、糊粉层和胚芽的稻米叫糙米，味甘性温，有健脾养胃、补中益气、调和五脏、镇静神经、促进消化吸收的功效，经常食用糙米米浆对人体有很好的补益调理作用。

营养师指导你这样喝：

糙米的外层组织营养丰富，富含维生素、矿物质与膳食纤维，有促进血液循环、降血糖的作用，还能预防心血管疾病、贫血症的发生。含有的米精蛋白，可减少胃肠负担。它还保留了大量膳食纤维，可促进肠道有益菌增殖、加速肠道蠕动、软化粪便、预防便秘和肠癌等病症。

材 料

糙米⋯⋯70克
熟花生仁⋯⋯10克
红糖⋯⋯适量

做 法

1 糙米洗净，浸泡约2小时。

2 将泡好的糙米、熟花生仁放入全自动豆浆机中，添水搅打成米浆即可。

3 将米浆过滤，可依据口味加入红糖调味。

贴心小提醒

一般人群均可食用，尤适于肥胖、胃肠功能障碍、贫血、便秘的人群食用。

清香和胃茶

材 料

白术……3克
茯苓……3克
薏米……3克
茉莉花……3克
菊花……2克
决明子……适量
枸杞子……适量

做 法

1 将白术、茯苓、薏米洗净，沥干水分备用。

2 锅中加水500毫升，加入白术、薏米、茯苓大火煮沸转小火，加入菊花和茉莉花继续煮5分钟。放入决明子和枸杞子闷泡5分钟。

3 滤渣取汁饮用即可。

金橘消化茶

材 料

金橘……5个
酸梅……1颗
绿茶……3克
蜂蜜……适量

做 法

1 将金橘、酸梅洗净；金橘剖成两半，将汁稍微挤掉一些备用。

2 用400毫升沸水将绿茶和酸梅泡开，再加入金橘浸泡5分钟，最后加入蜂蜜搅拌均匀即可。

PART 5

补肾养血

　　传统中医理论认为，肾为"先天之本，生命之源"，肾不健康就会导致很多疾病。"肾虚"其实是个宽泛的概念，包括泌尿系统、生殖系统、内分泌代谢系统、神经精神系统及消化、血液、呼吸等诸多系统的相关疾病。肾虚血亏的人，脑力方面表现为记忆力下降、注意力不集中、精力不足；情绪方面表现为头晕易怒、烦躁焦虑、抑郁不安；生活方面有性功能减退、月经不调、尿频尿急、失眠健忘、食欲不振、疲劳乏力、黑眼圈等症状。

　　从补肾养血的角度来看，在日常营养选择中，应多食用优质蛋白质，并摄入适量的脂肪。忌食苦寒、冰凉的伤肾食物，如苦瓜、猪肉、鹅肉、冰镇啤酒等。

材 料

黑豆……100克
白糖……适量

做 法

1 黑豆加水泡至发软，捞出洗净。

2 将黑豆放入全自动豆浆机中，添水搅打成豆浆。

3 将豆浆过滤，加入适量白糖调匀即可。

男女老少皆宜的最理想补肾饮品

黑 豆 豆 浆

老中医告诉你这样养：

在中医五行中，黑色入肾，黑色食物的营养对肾脏有补益作用。黑豆味甘性平，有解表清热、养血平肝、补肾壮阴、补虚黑发的功效，是补益肾脏的最佳选择。

营养师指导你这样喝：

黑豆含有高优的蛋白质、丰富的氨基酸和多种微量元素，能降低胆固醇，增强肠胃蠕动。黑豆皮为黑色，含有花青素，花青素是很好的抗氧化剂来源，能清除体内自由基，减少皮肤皱纹的产生，延缓衰老。

特色搭配美味小品
虾酱窝头 / 174

贴心小提醒

❶小儿不宜多食。
❷黑豆热性大，多食易上火。

補肾养发神奇的小芝麻

乌发黑芝麻豆浆

特色搭配美味小品
牛奶馒头 / 174

老中医告诉你这样养:

　　肾属水,肾的健康状况会反映在发质上。头发柔顺乌黑说明肾气足,反之,则说明肾气匮乏。黑芝麻性平、味甘,入肝肾经,有补肝肾、益精血、润肠燥、美容养发的功效。黑色入肾,因此黑芝麻是补肾养血的最佳选择之一。血能生发,肾脏气血足,就能有乌黑亮丽的头发。

营养师指导你这样喝:

　　黑芝麻营养价值极高,富含的生物素能辅助治疗因身体虚弱、早衰而导致的脱发,并且对药物性脱发和某些疾病引起的脱发也有一定疗效。它含有的维生素E还能促进细胞分裂,延缓细胞衰老。

> **贴心小提醒**
>
> 慢性肠炎、便溏腹泻及男子阳痿、遗精者忌食。

材　料

黄豆……100克
熟黑芝麻……10克
白糖……适量

做　法

1 黄豆浸泡10～12小时,捞出洗净;熟黑芝麻碾成末。

2 将黄豆、黑芝麻末一同放入豆浆机中,加清水至上、下水位线之间,启动豆浆机,制作完成后将豆渣过滤掉,加入适量白糖调味即可。

红枣枸杞豆浆

特色搭配美味小品

什锦糖包／176

老中医告诉你这样养：

　　红枣和枸杞一直以来是民间的补益圣品。红枣能补脾和胃，增强脾胃功能，有强壮腰肾、止泻、生津、补养的功效；枸杞性味甘平，有补肝肾、明目、润肺的功效，是滋阴效果最好的补益食材。

营养师指导你这样喝：

　　红枣含有的环磷酸腺苷，能扩张冠状动脉，增强心肌收缩力。山楂酸有抑制癌症的效果；枸杞子中最重要的物质是枸杞子多糖，它能改善新陈代谢、调节内分泌、促进蛋白质的合成，含有的枸杞子色素结合大豆中的卵磷脂，可起到保护肾脏的作用。

材　料

黄豆……80克
红枣……10克
枸杞子……10克
白糖……适量

做　法

1 黄豆加水泡至发软，捞出洗净；红枣、枸杞子分别择洗净，加温水泡开。

2 将黄豆、红枣、枸杞子放入全自动豆浆机中，添水搅打成豆浆。

3 将豆浆过滤，加适量白糖调匀即可。

材 料

黄豆……30克
青豆……30克
山药……50克
糯米……15克
白糖……适量

做 法

1 黄豆、青豆用清水浸泡发软，洗净；糯米淘洗干净，用清水浸泡2小时；山药去皮，洗净，切成小丁，下入开水锅中焯烫，捞出沥干。

2 把上述食材一同倒入全自动豆浆机中，添水搅打成豆浆。

3 将豆浆过滤，加入适量白糖调匀即可。

特色搭配美味小品
吐丝艾窝窝 / 178

贴心小提醒
山药削皮后与空气中的氧气接触会发生氧化作用变成黑色，因此要即用即削。

两色豆子巧养生，固肾益精健体魄

山药青黄豆浆

老中医告诉你这样养：

　　山药味甘性平，入肺、脾、肾经。具有健脾补肺、固肾益精、聪耳明目、助五脏、强筋骨、长志安神、延年益寿的功效；青豆味甘性平，有补肝养胃、滋补强壮、助长筋骨、悦颜面、乌发明目的功效。

营养师指导你这样喝：

　　山药中的皂甙、黏液质有润滑作用，可以滋润肺部，辅助治疗咳嗽，含有的大量淀粉酶及多分氧化酶能够辅助消化。

材 料

黑豆……60克
胡萝卜……30克
冰糖……适量

做 法

1 黑豆用清水浸泡10～12小时，洗净；胡萝卜洗净，切碎；冰糖捣碎。

2 将黑豆和胡萝卜倒入豆浆机中，添水搅打成豆浆。

3 将豆浆过滤，加捣碎的冰糖搅拌至化开即可。

"小人参"联合"补肾明星"打造最佳补肾饮品

胡萝卜黑豆豆浆

特色搭配美味小品
夹心饼干 / 180

老中医告诉你这样养：

　　胡萝卜味甘性平，有健脾和胃、补肝明目、清热解毒、壮阳补肾、降气止咳的功效；黑豆味甘性平，有解表清热、养血平肝、补肾壮阴、补虚黑发的作用。二者搭配，对人体的肾脏系统有很好的补益调理作用。

营养师指导你这样喝：

　　1.胡萝卜富含维生素，可加快皮肤新陈代谢。
　　2.黑豆营养丰富，含有蛋白质、脂肪、维生素、微量元素等多种营养成分。同时又具有多种生物活性物质，如黑豆色素、黑豆多糖和异黄酮等，对促进血液循环有一定帮助。

贴心小提醒

❶忌与龙胆、五参、厚朴同食。
❷不宜与牛奶、菠菜、四环素、蓖麻子同食。

《本草纲目》中的养肾秘宝

栗子米糊

特色搭配美味小品
开花发糕／175

老中医告诉你这样养：

中医认为板栗有养胃健脾、补肾强筋的功效。唐代孙思邈说："栗，肾之果也，肾病宜食之"。《本草纲目》中指出："栗治肾虚，腰腿无力，能通肾益气，厚肠胃也"。栗子搭配糯米益精强志、和五脏、通血脉，此款米糊可辅助治疗腰膝酸软、畏寒怕冷等肾虚症状。

营养师指导你这样喝：

栗子含蛋白质、脂肪、B族维生素等多种营养物质，可预防高血压、冠心病、动脉粥样硬化等疾病的发生。

贴心小提醒

❶板栗吃太多容易滞气便秘。
❷糖尿病患者应少吃或者不吃。

材 料

糯米……100克
栗子……50克
白糖……适量

做 法

1 栗子去壳，取肉切成小粒；糯米淘洗干净，沥干。

2 将糯米放入豆浆机内，加清水至下水位线，浸泡8小时，加入栗子肉，按常规规方法打成糊，调入白糖即可。

材　料

黑米……50克
黑豆……50克
香菇……2朵
盐……适量

做　法

1　黑米淘洗干净；黑豆洗净，去豆皮；香菇洗净，去蒂，切小丁。

2　将黑米和黑豆瓣一起放入豆浆机内，加清水至下水位线，泡8小时后加入香菇丁和盐，按下"米糊"键，煮至豆浆机提示米糊做好即可。

三种神奇的黑色食物展现补肾奇效

豆菇黑米糊

特色搭配美味小品
芝麻年糕／177

老中医告诉你这样养：

香菇、黑豆和黑米都是黑色食物，在五色行中黑色入肾，三者均有滋养肾阴的作用。其中黑米味甘性温，入肾经，有滋阴补肾、健身暖胃、补肺缓筋等功效，且有"药米"之称；黑豆为肾之谷，入肾经，具有健脾利水、消肿下气、滋肾阴、润肺燥的功用；香菇性味甘平，有补肝肾、健脾胃、益智安神的作用。三者搭配对于治疗身体久虚、腰膝酸软等肾阴虚症状效果甚好。

营养师指导你这样喝：

香菇含有白蛋白、谷蛋白、醇溶蛋白等人体必需的优质蛋白，与黑米、黑豆搭配可以实现营养平衡互补。

贴心小提醒

❶黑米外壳坚硬不易消化，病后消化能力弱的人不宜急于吃黑米。
❷脾胃寒湿气滞或皮肤瘙痒的患者应少食香菇。

大蒜羊肉米糊

特色搭配美味小品

水晶麻团 / **177**

老中医告诉你这样养：

　　大蒜性温，具有温补肝肾、健胃消食、促进消化的功效，可以用来防治腹痛、腹胀、食欲缺乏等病症；羊肉性温，历来被当作冬季进补的重要食品，有补肾壮阳、补精血、疗肺虚的作用，是滋补强壮药，能够辅助治疗贫血、产后气血两虚、腹部冷痛、体虚畏寒、营养不良、腰膝酸软、阳痿早泄以及一切虚寒病症。二者搭配是强强联手，温补肾阳。

营养师指导你这样喝：

　　大蒜中的大蒜辣素有良好的抗菌作用，可以杀灭大肠埃希菌、痢疾杆菌、白喉杆菌、肺炎杆菌等病菌。

贴心小提醒

❶体内实热者谨慎食用。
❷发热、牙痛、口舌生疮、咳吐黄痰等上火症状者不宜食用。
❸此款饮品不宜与醋和南瓜同食。

材　料

大米……100克
羊肉……50克
大蒜……25克
盐……适量

做　法

1 羊肉去筋膜，切成小粒；大蒜剥皮，拍松剁碎；大米淘洗干净，沥去水分。

2 将大米放入豆浆机内，注入清水至下水位线，泡8小时，再加入羊肉、蒜末和盐，按常规打成米糊即可。

"壮阳草"和"抗衰宝"的绝妙搭配

韭菜虾仁米糊

老中医告诉你这样养：

　　韭菜又叫壮阳草，性温，有补肾助阳、温中开胃、行气理血、润肠通便的功效；虾仁味甘性平，有补肾壮阳、健胃消食、强壮筋骨的作用。配上小米温补养胃的功效，三者搭配，味道鲜美，口感顺滑，对身体有很好的补益作用。

营养师指导你这样喝：

　　1.韭菜中辛辣有挥发性的硫化丙烯，有促进食欲的作用。含有的硫化合物可杀菌消炎、抑制绿脓杆菌、痢疾、大肠杆菌和金黄色葡萄球菌的感染。

　　2.虾营养丰富，含丰富的蛋白质、维生素A和多种矿物质，其肉质松软，易消化。含有的虾青素是目前发现的最强的一种抗氧化剂，可以起到抗癌、抗衰老的作用。

特色搭配美味小品
胡萝卜蛋糕／**187**

材 料

小米……100克
韭菜……50克
虾仁……5只
料酒……5毫升
盐……适量

做 法

1 韭菜择洗干净，沥干切碎；小米淘洗干净，沥干；虾仁挑去沙线，洗净，加料酒腌5分钟。

2 将小米放入豆浆机内，注入清水至下水位线，泡8小时。

3 加入韭菜、虾仁、盐，打成米糊即可。

温和平稳，甘甜可口的补肾豆浆

桂圆山药豆浆

特色搭配美味小品

香草全麦面包 / **183**

老中医告诉你这样养：

桂圆性平味甘，入心肝脾肾经，有养血安神、补益心脾的功效，可缓解失眠、辅助治疗脾虚腹泻、产后浮肿、精神不振、自汗盗汗等病症；山药性平，有补中益气、固肾益精、健脾胃的作用。山药与桂圆一起食用，对气虚体质者和肾虚者有很好的补益作用。

营养师指导你这样喝：

1.桂圆含有丰富的葡萄糖、蔗糖及蛋白质，含铁量也较高，可在提高热能、补充营养的同时，促进血红蛋白的再生。

2.山药营养价值极高，可辅助治疗食欲不振、消化不良、慢性腹泻、咳嗽、妇女白带异常、糖尿病等虚病症状。

材 料

黄豆……50克
山药……50克
桂圆……5颗
白糖……适量

做 法

1 黄豆加水泡至发软，捞出洗净；山药去皮洗净，切成小块，下入开水锅中焯烫，捞出沥干；桂圆去皮、核，取肉。

2 将山药块、桂圆肉、黄豆放入全自动豆浆机中，添水搅打成豆浆。

3 将豆浆过滤，加入白糖调匀即成。

清香酸甜，好喝又健康的养肾尚品

莴笋橘子汁

特色搭配美味小品

千层蛋糕／189

老中医告诉你这样养：

莴笋性寒，有利五脏、通经脉、利小便、明目利齿、通乳汁、坚筋骨、杀虫的功效；橘子味甘酸性温，入肺，有开胃、止咳润肺的作用。

营养师指导你这样喝：

1.莴笋含有大量的酶可以促进消化，辅助治疗消化不良、胃酸少和便秘等病症。还可以提高血管张力，改善心肌收缩功能，加强利尿作用，对神经官能症、高血压、心脏病、心律紊乱、肾脏病等症有较好的食疗作用。莴笋中含有大量钾离子，有利于调节体内盐的平衡。

2.柑橘汁中含有丰富的维生素和矿物质，其中含有的"诺米灵"能分解致癌化学物质，有一定抗癌作用。

材 料

莴笋……1/2个
橘子……1个
西芹……50克
白菜……30克

做 法

1 莴笋去皮，清洗干净，切成小片；橘子剥皮，掰成小瓣，去籽；西芹择洗干净，去叶，先剖细，再切成小段；白菜洗净，切成小片。

2 将莴笋片、橘子瓣、西芹段、白菜片放入榨汁机中，搅打均匀，过滤掉蔬果渣后，倒入玻璃杯中即可。

首乌生发茶

材 料

何首乌……2克
菟丝子……2克
柏子仁……2克
牛膝……1克
生地黄……1克
红茶……3克
蜂蜜……适量

做 法

1 将何首乌、菟丝子、柏子仁、牛膝、
生地黄放入锅中，加入清水400毫升
煮沸。

2 倒出后滤渣取汁备用，将红茶用沸水冲
泡3分钟后加入汁中。

3 搅匀后稍凉，加入蜂蜜饮用即可。

淮山芝麻饮

材 料

淮山……5片
燕麦片……1匙
黑芝麻……2匙
冰糖……适量

做 法

1 将淮山研成细末。

2 将淮山细末与燕麦片、黑芝麻一起放入
杯中。

3 冲入沸水调匀后加入冰糖调味即可。

PART 6

清心去火

　　"上火"是民间的一种俗称，也称"热气"，是指内热在体内某些地方聚集，产生热性症状。如出现咽喉干痛、两眼红赤、鼻腔热烘、口干舌燥以及烂嘴角、流鼻血、牙痛等症状，就是上火了。

　　气候干燥、心情压抑、作息时间不规律、饮食不当都会引发上火。就饮食方面来说，健康不上火的饮食原则应是平时多饮水，少吃辛辣刺激性食物；少吸烟，少饮酒，甚至戒烟酒；少食过于油腻的食物，多吃新鲜蔬菜、水果，保持大便不干燥，小便不混浊；此外，吃寒凉的冷食并不能帮助清心去火，反而很可能导致脾胃受伤，使消化功能下降，加重上火症状。

通利水道，消除水肿的养颜小红豆

红豆豆浆

特色搭配美味小品

水晶麻团／**177**

老中医告诉你这样养：

红豆味甘性平，有疏风清热、燥湿止痒、润肤养颜、益气补血、健脾养胃、清肺化痰的功效。红豆属于红色食物，红色入心，经常食用红豆可以起到养心安神的功效。

营养师指导你这样喝：

1.红豆含有较多的皂角甙，可刺激肠道，有良好的利尿、祛水肿作用，还可辅助治疗心脏病和肾病。富含的叶酸是孕期的重要营养物质。

2.红豆富含B族维生素，每天饮用300～500毫升红豆豆浆，可以缓解更年期女性的情绪烦躁，吃出好气色。

材 料

红豆……100克
白糖……适量

做 法

1 红豆加水泡至发软，捞出洗净。

2 将红豆放入全自动豆浆机中，添水搅打成豆浆。

3 将豆浆过滤，加入适量白糖调匀即可。

贴心小提醒

❶如各类型水肿患者食用，建议将红豆换成赤小豆效果更好。
❷红豆美容养颜，但也不宜一次食用太多。

滋阴益气、清热解毒

红枣莲子豆浆

特色搭配美味小品
牛奶馒头 / 174

老中医告诉你这样养：

　　红枣和莲子属养生圣品。红枣性温味甘，有健脾益胃、补气养血的功效；莲子有补脾止泻、养心安神、益肾固精的作用。此款豆浆可滋阴补气、养血安神、清心去火，是四季皆宜的健康豆浆。

营养师指导你这样喝：

　　红枣营养丰富，含有丰富的蛋白质、脂肪、糖类、胡萝卜素、B族维生素、维生素C、维生素P以及磷、钙、铁等成分。富含的环磷酸腺苷有增强肌力、消除疲劳、扩张血管、增加心肌收缩力、改善心肌营养，起到防治心血管疾病的作用。

材　料

黄豆……50克
红枣……10颗
莲子……10克
冰糖……适量

做　法

1 黄豆用清水浸泡至软，洗净备用；莲子洗净，浸泡2小时；红枣洗净，去核。

2 将莲子、红枣、泡好的黄豆一同放入豆浆机中，加入清水至上水位线，然后按下开关，待豆浆制作完成后过滤，加入冰糖即可。

一杯清香，清心去火养健康

枸杞菊花豆浆

特色搭配美味小品
瓜子仁蛋糕／**189**

老中医告诉你这样养：

　　枸杞性平味甘苦，归肝肾经，有生精补髓、滋阴补肾、益气安神、延缓衰老的功效；菊花味甘苦性微寒，有散风清热、清肝明目、祛毒散火的作用。二者搭配能够清心火，使肾水充足而上行，抑制心火。

营养师指导你这样喝：

　　1.枸杞中的维生素C、β-胡萝卜素、铁的含量都很高，有抗肿瘤、保肝、降压、抗衰的功效。

　　2.菊花具有降血压、消除癌细胞、扩张冠状动脉和抑菌的作用，长期饮用能补充人体钙质、调节心肌功能、降低胆固醇。

材　料

黄豆……60克
枸杞子……5克
菊花……5克
冰糖……适量

做　法

1 将黄豆淘洗干净，放入清水中浸泡10～12小时，捞出洗净；枸杞子、菊花也分别洗净，备用。

2 将上述食材倒入全自动豆浆机中，加水至上、下水位线之间，启动豆浆机，搅打成豆浆。

3 将豆浆过滤，加入适量冰糖调味即可。

材 料

黑豆……40克
大米……30克
雪梨……1个
蜂蜜……适量

做 法

1 黑豆用清水浸泡10～12小时，洗净；大米淘洗干净；雪梨洗净，去蒂、核，切碎备用。

2 把上述食材一同倒入豆浆机中，加水至上、下水位线之间，煮至豆浆机提示豆浆做好，凉至温热后加蜂蜜调味即可。

> 特色搭配美味小品
> **芝麻年糕 / 177**

贴心小提醒

❶梨性偏寒助湿，多吃会伤脾胃，故脾胃虚寒、畏冷食者应少吃。
❷梨含果酸较多，胃酸多者，不宜多食。

黑白搭配，美味营养健康妙手

雪梨黑豆豆浆

老中医告诉你这样养：

雪梨味甘微酸性凉，有生津润燥、清热化痰、解酒的功效；黑豆有解表清热、养血平肝、补肾壮阴、补虚黑发的作用。二者搭配，即有生津之效又有补肾之功，可用于辅助治疗热病伤阴或阴虚所致的烦躁、口渴、咳喘、痰黄、便秘等症。

营养师指导你这样喝：

雪梨中含大量苹果酸、柠檬酸、维生素B_1、维生素B_2、维生素C和胡萝卜素等多种营养物质，有降血压的功效，可辅助治疗高血压及心脏病。

黄豆……70克
杏仁……20克
白糖……适量

做 法

1 将黄豆放入清水中浸泡
　10～12小时，捞出后清洗
　干净备用。

2 将泡好的黄豆与杏仁一起放
　入豆浆机中，加水至上、下
　水位线之间，启动豆浆机，
　搅打成豆浆。

3 将豆浆过滤后，加入适量白
　糖调匀即可。

甘苦泻火，清热止咳

杏 仁 豆 浆

特色搭配美味小品
驴打滚 / 178

老中医告诉你这样养：

　　杏仁性温味苦，有止咳平喘、润肠通便、生津止渴的
功效；黄豆性质平和，具有补脾益气、清热解毒、补虚润
燥、清肺化痰的作用。二者搭配，可以使心火不亢，有养
血安神的功效。

营养师指导你这样喝：

　　杏仁含有的苦杏仁苷在体内能被肠道微生物酶或苦
杏仁本身所含的苦杏仁酶水解，产生微量的氢氰酸与苯甲
醛，对呼吸中枢有抑制作用，可帮助镇咳、平喘。

贴心小提醒

❶杏仁不可食用过量，
以免食物中毒。
❷产妇、婴幼儿和糖尿
病患者，不宜吃杏仁及
其制品。

百合花间一点绿，清神静气好宁心

百合莲银绿豆浆

特色搭配美味小品
香芋玫瑰酥／181

老中医告诉你这样养：

百合味甘微苦性平，有清热解毒、凉血止血、健脾和胃的功效；莲子有强心安神、滋养补虚、止遗涩精的作用；绿豆味甘性寒，入心、胃经，有清热解毒、消暑除烦、止渴健胃、利水消肿的作用。三者搭配，营养价值丰富，可以清心安神、滋阴润肺，是夏季必备的健康饮品。

营养师指导你这样喝：

1.百合中含有的生物素、秋水碱对病后体弱、神经衰弱者有补益作用。

2.绿豆中的多糖成分能增强血清脂蛋白酶的活性，使脂蛋白中甘油三酯水解，从而达到降血脂的疗效，可防治冠心病、心绞痛。

材 料

绿豆……60克
干百合……10克
莲子……10克
银耳……10克
冰糖……适量

做 法

1 将绿豆淘洗干净，用清水浸泡4~6小时，捞出洗净；干百合和莲子用温水浸泡至发软，百合掰成瓣，莲子去莲心；银耳泡发，去掉根部杂质，择成小朵。

2 把准备好的绿豆、百合、莲子、银耳一同放入豆浆机中，加清水至上、下水位线之间，启动豆浆机，搅打成豆浆。

3 将豆浆过滤，加入适量冰糖调味即可。

通便排毒，清热去火好帮手

百合菜心米糊

特色搭配美味小品
豆沙包 / **176**

老中医告诉你这样养：

　　百合味甘微苦，性寒，有润肺止咳、清心安神、补中益气、清热利尿的作用；菜心性微寒，有除烦解渴、利尿通便、清热解毒的功效。此款米糊在燥热时节食用，清热去火效果尤为明显。

营养师指导你这样喝：

　　1.百合中的硒、铜等微量元素能抗氧化、促进维生素C吸收，可显著抑制黄曲霉素的致突变作用，有助于增强体质，抑制肿瘤细胞的生长。

　　2.菜心富含粗纤维、维生素C和胡萝卜素，不但能够刺激肠胃蠕动，有润肠、助消化的作用，还能帮助加速体内毒素的排出。

材　料

大米……100克
白菜心……50克
鲜百合……30克
胡萝卜……15克
蜂蜜……适量

做　法

1 白菜心洗净，切小块；鲜百合分瓣洗净，沥去水分；胡萝卜切小丁；大米淘洗干净，沥干。

2 将大米放入豆浆机内，加清水至下水位线，浸泡8小时，再加入白菜心、胡萝卜和鲜百合。

3 按常规打成米糊，加入蜂蜜调匀即可。

材　料

冬瓜……150克
大米……50克
绿豆……50克
冰糖……适量

做　法

1 绿豆和大米分别淘洗干净，沥去水分；冬瓜削去表层硬皮，切成小丁。

2 把大米和绿豆放入豆浆机内，注入清水至下水位线，浸泡8小时，加入冬瓜和冰糖，按"米糊"键打成米糊即可。

特 色 搭 配 美 味 小 品

豌豆黄 / 179

夏季清热解暑、排毒去火的最佳饮品

绿豆冬瓜米糊

老中医告诉你这样养：

绿豆性寒，有清热解毒、利水除湿的功效；冬瓜性寒，有利尿、清热解暑、化痰解渴的作用。此款米糊适合夏季小便不利、心烦燥热的人长期饮用。

营养师指导你这样喝：

1.绿豆富含无机盐和多种维生素。在高温环境中以绿豆汤为饮料，可以及时调节电解质平衡，补充盐分，以达到清热解暑的效果。

2.冬瓜含维生素C较多，且钾盐含量高，钠盐含量低，适合糖尿病、高血压、肾脏病、浮肿病的患者食用。

贴心小提醒

❶此款饮品性寒，脾胃气虚、胃寒疼痛者忌食。

❷女子月经期间和痛经者忌食。

材料

大米……100克
酸奶……50毫升
芹菜……25克
白糖……适量

做法

1 大米淘洗干净，沥去水分；芹菜洗净，撕去筋络，用沸水略烫，切成碎末。

2 大米放入豆浆机内，加入清水至上、下水位线间，浸泡8小时，加入芹菜末，按"米糊"键打成糊。

3 加入酸奶和白糖调匀即可。

酸甜清口，吃一口就有舒爽好心情

芹菜酸奶米糊

特色搭配美味小品

花生饼干／**180**

老中医告诉你这样养：

　　芹菜有降压、利尿、镇静、增进食欲和健脾胃的功效；酸奶口感酸甜，有开胃、增强食欲的作用。芹菜、酸奶与大米搭配做成米糊，口感细腻，清心去火，还有利于安定情绪、消烦除燥。

营养师指导你这样喝：

　　芹菜含有大量的膳食纤维能润肠通便、排毒、减肥。而且含铁量较高，能辅助治疗缺铁性贫血。夏天经常食用此款米糊可以增进食欲、促进排毒、加快身体新陈代谢。

贴心小提醒

❶芹菜性凉质滑，脾胃虚寒、大便溏薄者不宜多食。

❷芹菜有降血压作用，故血压偏低者慎用。

清心去火、滋阴润肺的绝佳组合

雪梨银耳川贝米糊

特色搭配美味小品
开花发糕／175

老中医告诉你这样养：

　　雪梨味甘微酸性凉，有润肺清燥、止咳化痰的作用；银耳有强精补肾、补气益胃、提神补脑、润肠通便、美容嫩肤、延年益寿的功效；川贝性凉味甘平，入肺经、胃经，有润肺止咳、清热化痰的作用。

营养师指导你这样喝：

　　1.梨中含有丰富的B族维生素，能保护心脏，减轻疲劳。

　　2.川贝富含维生素A，有保护呼吸道上皮组织、提高免疫球蛋白功能、预防呼吸道感染的功效。川贝还含有较多的维生素C，可降低动脉粥样硬化和心血管疾病的发生率。

贴心小提醒

❶慢性肠炎、胃寒病、糖尿病患者忌食生梨。
❷脾胃虚寒及寒痰、湿痰者慎食。

材　料

大米……100克
雪梨……1个
水发银耳……1朵
川贝……5颗
冰糖……适量

做　法

1 雪梨洗净，去皮及蒂，切成小丁；水发银耳去硬蒂，撕成小朵；川贝用温水洗净；大米淘洗干净，沥干。

2 大米放在豆浆机内，加入清水至下水位线，浸泡8小时，再加入雪梨、水发银耳、川贝和冰糖，按"米糊"键打成糊即可。

藿香降火茶

材 料

藿香……30克
蜂蜜……适量

做 法

1 将藿香洗净，沥干水分，放进杯中，
用350毫升沸水冲泡，放凉后去渣，
取汁。

2 饮用时加入蜂蜜调味即可。

功 效

此款茶饮对中暑、上火有极好的调理
作用。

冰红茶

材 料

红茶包……1个
冰块……适量
冰糖……适量

做 法

1 在茶杯中放入红茶包，注入沸水，盖上
杯盖，闷置5分钟左右。

2 取出红茶包，加适量冰糖搅拌。

3 待冰糖溶解后，加入冰块，一杯晶莹剔
透的冰红茶就完成了。

功 效

夏天饮冰红茶能止渴消暑，茶中的多
酚类、氨基酸、果胶等可刺激唾液分泌，
滋润口腔，从而产生清凉感。

PART 7

消除失眠

　　失眠是一种常见病，入睡困难、入睡时间短、易惊醒、睡眠质量差都属于失眠。产生睡眠问题的原因很多，如疾病、情感因素、饮用咖啡和茶以及环境因素等都会造成失眠。失眠虽不属于危重疾病，但却会严重影响人们的正常生活、工作、学习和健康。长期失眠还可能会诱发心悸、胸痹、眩晕、头痛甚至中风等病症。

　　传统医学认为，失眠是阴阳失衡导致身体功能失调所引起的，平日要注意摄取具有养心安神、促进睡眠作用的食物，如核桃、百合、桂圆、莲子、红枣、小麦、阿胶、灵芝、西洋参等。日常膳食应以清淡宜消化为主，适宜多吃豆类、奶类、谷类、蔬果。

清热解毒，安神助眠的圣品

绿豆豆浆

特色搭配美味小品
虾酱窝头／174

老中医告诉你这样养：

　　绿豆味甘性寒，自古以来是清热解毒的良药，具有消毒、利尿、祛痘的作用。用绿豆制成的豆浆，可解暑热烦渴，安神睡眠。尤其适合夏季食用。

营养师指导你这样喝：

　　绿豆含有一种球蛋白，能够促进胆固醇和甘油三酯的水解，达到保护肝脏、降低血脂的疗效。绿豆中含有的牡蛎碱和异牡蛎碱还具有清洁皮肤、抗痘的功效。

贴心小提醒

❶绿豆性凉，冬季不宜食用。

❷服药期间，特别是服用温补类的药时不宜食用绿豆，以免降低药效。

材　料

绿豆……100克
白糖……适量

做　法

1 绿豆加水泡至发软，捞出，洗净。

2 将绿豆放入豆浆机中，添水搅打成豆浆。

3 将豆浆过滤，加入适量白糖调匀即可。

夏季"瓜中之王"与豆浆的完美结合

清凉西瓜豆浆

特色搭配美味小品
吐丝艾窝窝／**178**

老中医告诉你这样养：

　　西瓜是夏季清热解暑的最佳选择，性寒味甘，具有清热解暑、生津止渴、利尿除烦、安神助眠的功效。将西瓜与黄豆结合，既可以弥补西瓜的营养不足，又丰富了豆浆的口味，一举两得。

营养师指导你这样喝：

　　西瓜中含有大量的水分，在治疗肾炎和降低血压方面，西瓜可算是水果之中的好医生。它所含的糖和盐能利尿并消除肾脏炎症。蛋白酶能把不溶性蛋白质转化为可溶性蛋白质，为肾炎病人补充营养。吃西瓜后尿量会明显增加，这可以减少胆色素的含量，并使大便保持通畅，对治疗黄疸有一定作用。

材　料

黄豆……50克
西瓜肉……50克

做　法

1　黄豆用清水浸泡8～12小时，洗净；西瓜肉除籽，切成小块。

2　将黄豆、西瓜块一起倒入豆浆机中，加水至上、下水位线之间，按下"豆浆"键，煮至豆浆机提示豆浆做好即可。

清心安神，失眠者的好伴侣

百合安神豆浆

特色搭配美味小品
菊花包 / 175

老中医告诉你这样养：

　　百合入心经，自古以来是宁心安神的良药，具有清心除烦、养阴润燥、润肺止咳、利便的功效，对治疗失眠和心肺疾病疗效甚佳。

营养师指导你这样喝：

　　1.银耳中含有17种氨基酸，可以满足人体对氨基酸的需求，富含维生素D，能防止钙的流失，对生长发育十分有益。

　　2.银耳能提高肝脏解毒能力，有保肝作用。对老年慢性支气管炎、肺源性心脏病有一定疗效。

材　料

黑豆……50克
鲜百合……25克
银耳……25克
蜂蜜……适量

做　法

1　黑豆加水泡至发软，捞出洗净；银耳泡发洗净，撕成小朵；鲜百合洗净。

2　鲜百合、银耳、黑豆放入全自动豆浆机中，添水搅打成豆浆。

3　将豆浆过滤，加蜂蜜调味即可。

材 料

糯米……75克
小麦仁……25克
红枣……5颗
白糖……适量

做 法

1 糯米、小麦仁分别淘洗干净，控去水分；红枣洗净，去核，切丁。

2 将糯米和小麦仁一起放入豆浆机内，加清水至上、下水位线之间，浸泡8小时。

3 按"米糊"键打成糊，加白糖调味即可。

特色搭配美味小品
什锦糖包 / 176

贴心小提醒

❶红枣皮含有大量纤维，不容易消化，多吃会胀气，故不宜多吃。
❷红枣含糖量高，糖尿病人不宜多食。
❸牙痛及痰热咳嗽患者不宜食用。

香甜醇厚的健康饮品，给你一夜好梦

红枣小麦米糊

老中医告诉你这样养：

红枣自古是补血圣品，味甘性温、归脾胃经，有养血安神、疏肝解郁的功效；小麦性平味甘，入心经，养心阴。二者结合可养心安神、补脾和中，对于心悸、烦躁失眠以及更年期综合征有很好的辅助疗效。

营养师指导你这样喝：

红枣含有丰富的维生素、氨基酸、矿物质，但蛋白质和淀粉含量少；小麦含有大量蛋白质和淀粉，并且含有多种矿物质和烟酸。二者结合能够实现营养互补和协调，有预防高血压、高脂血症的功效。

材 料

大米……75克
水发银耳……50克
鲜百合……25克
糖水莲子……25克
红枣……5颗
冰糖……适量

做 法

1 大米淘洗干净，沥去水分；水发银耳去硬蒂，撕成小片；鲜百合分瓣洗净，切块；红枣洗净，去核切碎。

2 将大米放入豆浆机内，注入清水至下水位线，浸泡8小时，再加入其他材料，按"米糊"键打成米糊即可。

气血美人的美丽秘密，睡眠好人不老

银耳莲子米糊

老中医告诉你这样养：

　　银耳有补脑、强精、补肾的功效；莲子有补脾止泻、益肾固精、养心安神的功效。二者联合滋润而不腻滞，可以起到补脾开胃、安眠补脑的作用，适合身体虚弱、精神紧张的人长期食用。

营养师指导你这样喝：

　　银耳的多糖类物质和硒元素能够起到抗肿瘤的作用，富含的维生素D，能防止钙的流失；莲子所含的生物碱有强心和降血压的作用。二者结合是增强人体免疫力的好帮手，长期服用还能祛斑润肤，助您拥有健康美丽的肌肤。

特色搭配美味小品
什锦糖包 / 176

贴心小提醒

❶银耳用温水泡发后应去掉未发开以及淡黄色的部分。
❷外感风寒、脾虚者忌食。

圆白菜蜂蜜燕麦糊

特色搭配美味小品
夹心饼干／**180**

老中医告诉你这样养：

圆白菜性平味甘，归脾、胃经，可补骨髓、润脏腑、益心力、壮筋骨、利脏器、祛结气、清热止痛。主治睡眠不佳、多梦易醒、耳目不聪、关节屈伸不利、胃脘疼痛等病症。

营养师指导你这样喝：

1.常服蜂蜜对心脏病、高血压、肺病、便秘、贫血、胃和十二指肠溃疡等病症有良好的辅助医疗作用。

2.圆白菜具有很强的抗氧化及抗衰老功效，并且富含叶酸和异硫氰丙酯衍生体，怀孕的妇女和正在长身体的青少年应多吃圆白菜。

材　料

燕麦……100克
圆白菜……50克
蜂蜜……适量

做　法

1 圆白菜洗净，切碎；燕麦用清水洗一遍，沥干。

2 将燕麦放入豆浆机内，注入清水至上、下水位线间，泡4小时左右。

3 再加圆白菜按常规打成糊，最后加入蜂蜜调匀即可。

一杯酸甜橘子汁，疲劳去无踪

橘子汁

特色搭配美味小品
芝士面包／185

老中医告诉你这样养：

橘子性凉味甘酸，有开胃理气、止咳润肺、解酒醒神的功效，可以辅助治疗消化不良、口渴咽干、干咳无痰等症。

营养师指导你这样喝：

橘子含有丰富的糖类、维生素、苹果酸、柠檬酸、蛋白质、脂肪、食物纤维以及多种矿物质，营养价值极高。所含的柠檬酸具有消除疲劳、帮助提高睡眠质量的作用，长期食用还可辅助治疗高脂血症、动脉硬化及多种心血管疾病，并且还有明显的抗癌功效。

材 料

橘子……3个
白糖……适量

做 法

1 将橘子洗干净，去皮，掰成小瓣备用。

2 将橘瓣放入榨汁机中，倒入适量清水榨取果汁，加入适量白糖调味即可。

贴心小提醒

❶上火、发烧、更年期患者不宜过量食用。
❷空腹时不宜吃橘子，以防橘子中的有机酸刺激胃壁黏膜，出现胃部不适。

材 料

西瓜……500克
白糖……适量

做 法

1 西瓜洗净，去皮、籽，切成
鸡蛋大小的块状。

2 将切好的西瓜瓤块放入榨汁
机中榨汁；也可放入碗中，
用汤勺压榨果汁。

3 用单层纱布过滤杂质后倒
入杯中，调入少许白糖搅匀
即可。

特色搭配美味小品
胡萝卜蛋糕／187

消渴解暑之良策

西瓜汁

老中医告诉你这样养：

西瓜自古是夏季清热解暑的最佳选择，性寒味甘，具
有生津止渴、利尿除烦、安神助眠、醒酒明目、降压、美
容的功效。

营养师指导你这样喝：

西瓜汁中含瓜氨酸、丙氨酸、谷氨酸、精氨酸、苹果
酸、磷酸等多种具有皮肤生理活性的氨基酸和磷酸，有舒
缓、镇静神经和肌肤的作用。冰镇后的西瓜皮能够镇静并
治疗被晒伤的皮肤。

贴心小提醒

西瓜汁不能喝太多，以
防冲淡胃液，影响胃酸
分泌，引起消化不良或
腹泻。

美肤美体，通经活络，健康好眠

木瓜汁

特色搭配美味小品

千层蛋糕 / 189

老中医告诉你这样养：

　　木瓜性温味酸，入肝、脾经，有平肝和胃、健脾消食、抗痨杀虫、通经活络、润肺、美容养颜的功效。

营养师指导你这样喝：

　　木瓜中的木瓜蛋白酶和酵素有利于人体对食物的消化和吸收。番木瓜碱具有抑菌、抗肿瘤功效。木瓜酶能够促进乳腺发育、催奶、丰胸。齐墩果酸可护肝降酶、软化血管、预防心血管疾病。

贴心小提醒

❶番木瓜碱具有毒性，不宜多食。
❷过敏体质者应慎食。
❸孕妇忌吃木瓜以防引起子宫收缩性腹痛。

材 料

木瓜……1/2个
蜂蜜……适量
冰块……适量

做 法

1 木瓜洗净，去皮、籽，切成小块。

2 将切好的木瓜肉放入榨汁机中榨汁，加入冰块搅拌一下。

3 根据个人喜好调入适量蜂蜜调味即可。

安神定志，除烦安眠型健康饮品

黄瓜西瓜汁

特色搭配美味小品

瓜子仁蛋糕／**189**

老中医告诉你这样养：

黄瓜味甘性凉，有清热利尿、解毒的功效；西瓜味甘性寒，能够生津止渴、利尿除烦。二者结合，相互辅助，安神除烦功效倍增。

营养师指导你这样喝：

1.黄瓜含有维生素B_1，长期食用对改善大脑和神经系统功能有利，能安神定志，辅助治疗失眠症；黄瓜中含有的纤维素、维生素E具有减肥、抗衰老、润肤的功效。

2.西瓜含有丰富的维生素，具有极高的营养价值。二者强强联合，一扫夏季酷热带来的心情烦躁，帮助改善睡眠质量。

贴心小提醒

脾胃虚弱、腹痛腹泻、肺寒咳嗽的人应少吃黄瓜。

材 料

黄瓜……1根
西瓜……400克
蜂蜜……适量
柠檬汁……适量

做 法

1 黄瓜洗净，去皮，切成段；西瓜洗净，去皮、籽，切成块。

2 将处理好的黄瓜段、西瓜块一起放入榨汁机中榨汁。

3 在榨好的果汁中调入少许柠檬汁和蜂蜜拌匀即可。

益心安神，延年益寿的法宝

草莓山药鲜奶汁

老中医告诉你这样养：

　　山药性平，补三焦。自古以来是医家补益圣品，长期食用能够健脾益肺、固肾益精、益心安神；草莓具有健脾和胃、润肺生津的功效；牛奶是极佳的补益食品，有增强记忆、帮助睡眠的功效。中医讲整体调节，三者均味甘性平，不燥不腻，对身体健康大有益处。

营养师指导你这样喝：

　　1.草莓是维生素C含量极高的水果，对面部粉刺有很神奇的治疗效果。

　　2.牛奶中含有两种催眠物质，一种是色氨酸，能促进大脑神经细胞分泌出使人昏昏欲睡的神经递质五羟色胺；另一种是对生理功能具有调节作用的肽类，其中的"类鸦片肽"可以和中枢神经结合，发挥类似鸦片的麻醉、镇痛作用，让人感到全身舒适，有利于解除疲劳，帮助入睡。

材　料

草莓……10个
山药……100克
低脂鲜奶……150毫升
蜂蜜……适量

做　法

1 将草莓洗净，去蒂，再洗净。

2 山药去皮洗净，蒸熟，切小块
　备用。

3 将准备好的所有材料一同放入搅
　拌机中，搅打均匀即可。

贴心小提醒

因草莓含有较多的草酸钙，患有尿路结石和肾功能不好的人不宜多吃。

睡美人安眠茶

材 料

紫罗兰……6克
玫瑰花……6克
薰衣草……6克
鲜柠檬……1个

做 法

1 将薰衣草、紫罗兰和玫瑰花一起揉成碎片，缝入干净纱布制成的小袋中，制作成茶包。

2 鲜柠檬洗净，切成片备用。

3 饮用时以600毫升沸水冲泡茶包5分钟，取出茶包后加入柠檬片或将柠檬汁挤入，调匀饮用即可。

灯芯竹叶茶

材 料

淡竹叶……30克
灯芯草……5克

做 法

1 将淡竹叶和灯芯草分别洗净，沥干，备用。

2 锅中放入茶材，加入750毫升清水煮沸，晾至温热饮用。

功 效

　　此款茶饮能清心降火、清热止渴、消除烦闷。每日睡前饮用一杯，对于因身体虚烦而引起的失眠有很好的功效。

PART 8

缓解疲劳

　　工作和生活的压力常常让很多白领都处于亚健康状态。一起床就需要喝咖啡来维持精力，工作时处理几件小事就觉得力不从心，下班回到家摊在床上一动都不想动……不知从何时起，疲劳就像影子一样时刻跟着我们。

　　要想调整状态，缓解疲劳，必须要注意养成良好的生活习惯。如坚持每周至少进行两次有氧运动，平时多喝水以促进体内毒素的排出，不依赖咖啡和茶来提神等。另外合理安排饮食也非常重要，下午可以在工作一段时间后选择合适的豆浆、米糊、果蔬汁作为营养加餐，及时为身体补充维生素，保持精力充沛。

酸甜清香，开启活力清晨

苹果燕麦豆浆

老中医告诉你这样养：

苹果性平味甘，可健脾益气、生津止渴；燕麦对于因肝胃不和引起的食欲不振、大便不畅有缓解作用。两者搭配可补益中气、缓解疲劳。

营养师指导你这样喝：

1.苹果含有丰富的碳水化合物及多种微量元素、维生素，具有通便、降脂、降压、抗癌的作用。苹果还含有能加快新陈代谢的物质，可以帮助缓解疲劳。

2.燕麦富含B族维生素、尼克酸、叶酸。叶酸又称"造血维生素"，可提高机体免疫力。

材料

黄豆……50克
燕麦……30克
苹果……30克

做法

1 将黄豆洗净，放入清水中浸泡10～12小时，捞出洗净；燕麦淘洗干净，用水浸泡2小时；苹果洗净，去蒂、核，切成小块。

2 将所有食材一同放入豆浆机中，加清水至上、下水位线之间，启动豆浆机，完成后过滤即可。

材 料

大米……100克
茄子……50克
荸荠……5个
冰糖……适量

做 法

1 茄子洗净去皮，切成小丁；
荸荠拍松，剁碎；大米淘洗
干净，沥干；冰糖碾碎。

2 将大米放入豆浆机内，加
清水至下水位线，浸泡8小
时，再加入茄子、荸荠和冰
糖，按"米糊"键打成米糊
即可。

特色搭配美味小品

杏仁核桃酥 / **182**

补充体力，消除疲劳

荸荠茄子米糊

老中医告诉你这样养：

荸荠具有消食除胀、清热除烦、顺气降逆的功效；茄
子性寒，可以清热解暑、消肿止痛；大米有补液添精的作
用。三者搭配是上佳的补益之品。

营养师指导你这样喝：

1.荸荠和茄子都具有极高的营养价值，荸荠中的粗蛋
白可以润肠通便。

2.茄子中的龙葵碱是很好的抗肿瘤物质，含有的维生
素E，可以防止出血和延缓衰老，所含的维生素P可以保护
心血管、抗坏血酸。

材料

大米……75克
黄豆……25克
草莓……8颗
橙子……1个
蜂蜜……适量

做 法

1 大米和黄豆分别淘洗干净，沥去水分；草莓洗净，切小丁；橙子去皮，取肉备用。

2 大米和黄豆一起放入豆浆机内，注入清水至下水位线，泡8小时，按常规搅打三遍。

3 再加入草莓和橙子搅打成糊，加入蜂蜜调味即可。

提高免疫力，抵抗疲倦感

果香黄豆米糊

特色搭配美味小品
蔬菜黄油面包／184

老中医告诉你这样养：

　　黄豆性质平和，具有补脾益气、清热解毒、补虚润燥的功效；草莓味甘性凉，有润肺生津、健脾和胃的功效；橙子味酸性寒凉，入肝胃经，有和胃降逆、宽胸散结的作用。三者结合可迅速补充精气神，赶走疲劳。

营养师指导你这样喝：

　　草莓营养丰富，含有大量的胡萝卜素、果胶和膳食纤维。此外还含有人体必需的天冬氨酸。

贴心小提醒

草莓上如果有白斑或灰斑，说明存在病害，洗前须先挑出丢弃。但不要浸泡，防止草莓上可能残留的农药会随水进入草莓内部。

"小人参"带你远离疲劳

胡萝卜米糊

老中医告诉你这样养：

中医认为胡萝卜可以补中气、健胃消食、壮元阳、安五脏，辅助治疗消化不良、久痢、咳嗽、夜盲症等病症有较好疗效。

营养师指导你这样喝：

胡萝卜素转化生成维生素A，可以促进机体细胞的新陈代谢、增强人体免疫力、保护内脏器官、减轻化疗的副作用。胡萝卜富含蔗糖和多种维生素，可以消除疲劳、防癌抗癌、提高记忆力、保护视觉系统。胡萝卜与大米结合做成米糊后更易吸收，营养价值更高。

材　料

胡萝卜……100克
大米……100克
白糖……适量
植物油……适量

做　法

1 胡萝卜洗净，切成小丁；大米淘洗干净，沥去水分，放入豆浆机内，注入清水至上、下水位线间，浸泡8小时备用。

2 锅内放植物油烧热，下入胡萝卜丁炒至表面透明，盛出备用。

3 将胡萝卜丁倒入豆浆机内，按常规打成米糊，加入白糖调味即可。

猪肝牛奶米糊

特色搭配美味小品

葡萄蛋糕／**187**

老中医告诉你这样养：

猪肝性温，具有养血生血的功效；牛奶性平，是人体的"白色血液"，此款饮品对治疗久病体虚、气血不足、女性生理期贫血有很好的效果。

营养师指导你这样喝：

猪肝富含蛋白质、铁质、维生素K、卵磷脂和微量元素；牛奶富含钙质；大米营养价值极高。三者结合营养均衡，可促进儿童的智力和身体发育，是宝宝最好的辅食，也是缺铁性贫血者的良好补铁剂。奶香还可以中和猪肝的异味，让味道变得更好。

材　料

鲜猪肝……100克
大米……100克
鲜牛奶……100毫升
白糖……适量

做　法

1　鲜猪肝洗净切丁，焯水后放入冷水中漂去污沫，沥去水分；大米淘洗干净。

2　将大米放入豆浆机内，注入清水至下水位线，浸泡8小时，再加入猪肝丁和鲜牛奶。

3　按"米糊"键打成米糊，调入白糖即可。

材 料

芒果……1个
香草冰淇淋球……2个
鲜牛奶……90毫升
蜂蜜……适量
冰块……适量

做 法

1 芒果洗净去皮，取果肉，切小块，放入榨汁机中榨汁。

2 将芒果汁与鲜牛奶、冰块、香草冰淇淋球一起放入搅拌机中，搅打均匀。

3 根据个人口味，加入蜂蜜搅拌均匀即可。

特色搭配美味小品
红枣蛋糕 / 186

贴心小提醒

❶忌与大蒜、海鲜同食。
❷肾功能不全的人应少食或不食。

生津止渴，补充体力

芒果奶汁

老中医告诉你这样养：

芒果为"热带果王"，有生津止渴、益胃止呕的功效，可缓解晕船、晕车的症状；牛奶富含钙剂，有生津润肠、补益肺胃的作用。二者均是性平味甘之物，一起食用可安神解乏，给人体提供丰富的营养物质。

营养师指导你这样喝：

芒果富含维生素A和芒果酸，可迅速给人体补充能量，缓解疲劳，还有一定的抗癌、防癌功效；牛奶富含优质蛋白和钙剂，是营养价值极高的食品，与芒果搭配一起食用是很好的结合。

酸甜可口，好喝又健康的绿色果汁

苹果菠萝汁

特色搭配美味小品

布朗尼蛋糕／188

老中医告诉你这样养：

　　苹果性平味甘，可以健脾益气、生津止渴；菠萝性平味酸，有补益脾胃、生津止渴、润肠通便、利尿消肿的功效。二者结合，能够增进食欲、消除疲劳。

营养师指导你这样喝：

　　1.苹果中含有的鞣酸、果胶、膳食纤维以及菠萝中的菠萝蛋白酶都是营养价值极高的营养物质，可以加速肠道蠕动、润肠通便。

　　2.苹果中含有的磷和铁等元素，易被肠壁吸收，有补脑养血、宁神安眠的作用。

材　料

苹果……200克
菠萝肉……300克
淡盐水……适量
柠檬汁……适量

做　法

1 苹果洗净，去皮、核，切成块；菠萝肉切块，在淡盐水中浸泡片刻。

2 将苹果块、菠萝块一同放入榨汁机中榨汁。

3 将榨好的果汁倒入杯中，加入柠檬汁调匀即可。

贴心小提醒

❶食用菠萝前用淡盐水浸泡一下，可防止过敏、减弱酸味。
❷患有溃疡病、肾脏病、凝血功能障碍的人应禁食。

三种美味食材，相辅相成打造抗乏果汁

菠萝杏肉葡萄汁

特 色 搭 配 美 味 小 品

椰香龙虾酥／182

老中医告诉你这样养：

菠萝性平味酸，有补益脾胃、生津止渴、润肠通便、利尿消肿的功效；杏肉酸甘温和，有生津止渴、润肺定喘的功效；葡萄味甘微酸性平，具有补肝益肾、健脾开胃、生津液、利小便的功效。中医讲性味平和，三者相互中和可降低杏肉的毒性，是夏季解渴去乏的佳品。

营养师指导你这样喝：

1.菠萝中的菠萝蛋白酶及多种消化酶可分解蛋白质，促进食物的消化吸收，改善局部血液循环，帮助消除炎症和水肿。

2.杏肉含有的苦仁甙有抗癌作用。

3.葡萄含有多种人体所需的氨基酸，长期食用可防治神经衰弱、缓解疲劳。

材 料

无籽黑葡萄……500克
杏……2颗
凉开水……100毫升
菠萝汁……80毫升

做 法

1 将无籽黑葡萄去梗，洗净，放入碗中备用；将杏洗净，去核，切成小块。

2 将葡萄、杏肉、凉开水一起放入榨汁机中，搅拌30秒倒出。

3 再加入菠萝汁，搅拌均匀即可。

清凉劲爽，健康提神妙水

薄荷黄瓜汁

老中医告诉你这样养：

　　薄荷口感辛凉，有疏风散热、清头目、利咽喉的功效；黄瓜味甘性凉，有清热利尿、解毒的功效。二者一起食用可使身体神清气爽，迅速脱离疲惫状态。老年人食用后可以增进食欲，帮助消化。

营养师指导你这样喝：

　　1.薄荷中的主要成分薄荷油，有清凉提神、舒缓肌肉紧张的作用。

　　2.黄瓜含有维生素B_1，长期食用可以改善大脑和神经系统功能。含有的纤维素、维生素E具有减肥、抗衰老、润肤、舒展皱纹的疗效。此款饮品营养丰富，同时含糖分较少，是糖尿病患者的优选食品之一。

特色搭配美味小品

土耳其面包／185

材 料

黄瓜……1根
薄荷汁……适量

做 法

1 黄瓜洗净，带皮切成小块。

2 将黄瓜与适量凉开水一起放入榨汁机中榨汁。

3 过滤后，加入少许薄荷汁调匀即可。

提神又清热，轻轻松松远离疲劳

红枣绿豆豆浆

特色搭配美味小品
牛奶馒头／**174**

老中医告诉你这样养：

　　红枣自古是补血圣品，有补血益气、安神定志的功效；绿豆是清热解毒、止渴消暑的必选品。二者结合阴阳互补，既补虚又解暑，加上黄豆补脾益气的功效，使得此款豆浆成为夏季女性生理期时的最佳饮品。

营养师指导你这样喝：

　　红枣含有丰富的维生素、氨基酸、矿物质，但蛋白质和淀粉含量少；绿豆为豆类食物，含有丰富的蛋白质和淀粉，二者结合可相互补充，营养价值极高。

贴心小提醒

❶绿豆性寒，脾胃虚寒、泄泻者慎食。
❷减肥的人不宜过多饮用此款饮品。

材　料

红枣……100克
绿豆……100克
白糖……适量

做　法

1 将绿豆加水泡至发软，捞出洗净；红枣洗净去核，加温水泡开。

2 将泡好的红枣、绿豆放入豆浆机中，添水搅打成红枣绿豆豆浆。

3 将豆浆过滤，加入适量白糖调匀即可。

舒缓压力，消除疲劳的好帮手

芹菜苹果汁

老中医告诉你这样养：

芹菜性寒味甘，有清热解毒、平肝降压的功效；苹果性平味甘，可以健脾益气、生津止渴。芹菜独特的清香搭配上苹果的果香，有清心宁神，消除疲劳的功效。

营养师指导你这样喝：

1.芹菜含有抑制活性氧化物的成分，能抗癌、抗衰老。

2.芹菜含有较多的镁，苹果含有较多的钙和磷，二者结合可以平衡电解质、镇静安神、辅助睡眠。

材　料

芹菜……100克
苹果……1个
蜂蜜……适量

做　法

1 芹菜去叶，洗净，切成小段；苹果洗净，去皮、核，切成小块。

2 把芹菜段、苹果块放入榨汁机中，加适量水搅打均匀，再加入蜂蜜调匀即可。

贴心小提醒

❶苹果易氧化，应先榨芹菜，再榨苹果，在苹果氧化前及时饮用。
❷芹菜有降血压的作用，血压低者慎食。

五子清心茶

材 料
黑豆……30克
小麦……30克
莲子……7颗
黑枣……7颗
松子仁……5克
冰糖……适量

做 法
1 将黑豆、莲子、黑枣洗净，沥干备用。

2 将黑豆、莲子、黑枣放入锅中，加入小麦、松子仁，与600毫升水，一同煮沸。

3 加入冰糖调匀，再焖20分钟即可。

薄荷醒脑茶

材 料
薄荷……2克
绿茶……3克
白糖……适量

做 法
1 薄荷叶洗净，沥干备用。

2 茶壶中放入绿茶、薄荷及白糖，以热水冲泡，静置2分钟后，即可装杯饮用。

功 效
此款茶饮可令人精神振奋，提高工作效率。

PART 9

美容护肤

很多爱美女性在美容护肤上花费了大量时间、精力和金钱，但是效果却一般，有时甚至反而会使肌肤受到伤害，这是为什么呢？利用化妆品和护肤品进行的美容都是治标不治本的美颜方式，想要从内而外的美丽，必须重视身体和肌肤内在的营养。通过食补的方法来补充肌肤营养是不错的方式，纯天然食材不仅不会给肌肤造成任何伤害，还有调理脏腑、疏通经络、延缓衰老的作用。

在日常饮食中要想吃出美容护肤的效果，就要尽量多吃富含维生素的水果和蔬菜，番茄、芹菜、萝卜、嫩莴笋叶等都是较好的选择。另外还要克服对精加工主食的偏好，常吃粗粮对养颜、减肥也大有裨益。

滋养圣品，皮肤美白的好帮手

薏米荞麦豆浆

特色搭配美味小品

水晶麻团／177

老中医告诉你这样养：

荞麦有开胃宽肠，清热解毒的功效。其茎叶酸寒，可降压、止血；荞麦种子甘凉降气，可消肿毒；薏米有健脾清热、补肺益气的作用。与荞麦结合，营养价值高，可清热排毒、美肤养颜。

营养师指导你这样喝：

荞麦中的油酸与亚油酸，可降低胆固醇和体内血脂肪。含有的芸香甘和维生素P能强化微血管，预防高血压、动脉硬化。荞麦中含有大量的维生素B_1，可以改善粉刺、黑斑等皮肤粗糙现象，是使皮肤光滑、白皙的好帮手。

贴心小提醒

❶荞麦含有致敏成分，对荞麦过敏的人不要食用。

❷体虚与脾胃弱的人，也不宜多食，以免造成消化不良。

材　料

黄豆……50克
荞麦仁……15克
薏米……25克

做　法

1 黄豆洗净，在温水中泡7～8小时至发软，捞出洗净；荞麦仁、薏米用清水浸泡约3小时，洗净备用。

2 将泡好的黄豆、荞麦仁、薏米一同放入豆浆机中，加清水至上、下水位线之间，启动豆浆机，待豆浆制作完成后，过滤即可。

材　料

黄豆……60克
玫瑰花……6克
冰糖……适量

做　法

1 黄豆用清水浸泡8～12小时，洗净，玫瑰花洗净，用开水冲泡，净置半小时，将玫瑰花瓣过滤掉。

2 把黄豆倒入豆浆机中，加冲泡好的玫瑰花水至上、下水位线之间，按下"豆浆"键，煮至豆浆机提示豆浆做好，将豆渣过滤后，加入冰糖搅拌至化开即可。

> **特色搭配美味小品**
> 芝麻年糕／177

> **贴心小提醒**
> 玫瑰花只用花瓣，花蒂去掉。

活血养肤，喝出不老容颜

玫瑰豆浆

老中医告诉你这样养：

　　玫瑰一直是美容养颜的圣品，玫瑰花有理气解郁、活血散瘀、调经止痛的功效，并且性质温和，男女皆宜。玫瑰配合黄豆可调理内分泌，长期饮用此款豆浆，可拥有不老容颜，永葆青春。

营养师指导你这样喝：

　　玫瑰花含有丰富的维生素和单宁酸，可以调节内分泌，促进伤口愈合；黄豆中含有氧化剂、矿物质、维生素和植物雌激素"黄豆苷原"，该物质可调节女性内分泌。因此玫瑰豆浆是一款极佳的美容护肤饮品。

材 料

黄豆……60克
玫瑰花……15朵
薏米……30克
冰糖……适量

做 法

1 黄豆、薏米分别用清水浸泡
至软，捞出洗净；玫瑰花洗
净备用。

2 将泡好的黄豆、薏米一同
放入豆浆机中，添水搅打1
次，再加入玫瑰花继续搅
打2次制成豆浆，待豆浆制
作完成后过滤，加入冰糖
即可。

气血双调，喝出健康美丽肌肤

薏米玫瑰豆浆

老中医告诉你这样养：

薏米有健脾清热、补肺益气、利水祛湿的功效；玫瑰
花有理气解郁、活血散瘀、调经止痛的作用。二者性质温
和，一起饮用可补气活血，调养出完美健康的肌肤。

营养师指导你这样喝：

薏米富含蛋白质、碳水化合物和人体所必需的8种氨基
酸，并且含有一定量的维生素E，有很强的美白、消除粉
刺、淡化色斑的功效。

特色搭配美味小品
豌豆黄 / 179

贴心小提醒

❶薏米较难煮熟，做
豆浆前需要用温水
浸泡2~3个小时。
❷薏米有兴奋子宫的
功效，因此在月经期
和怀孕期间尽量不食
或少食。

润肠通便，排毒养颜做无毒美人

腰果豆浆

老中医告诉你这样养：

腰果性味甘平，有补脑养血、美容、利尿降温、降压、延年益寿的功效。黄豆的植物雌激素"黄豆苷原"有调理内分泌的作用，可有效美肤养颜。

营养师指导你这样喝：

食用腰果可预防心脑血管疾病、提高机体抗病能力、增强性欲。腰果中维生素B_1的含量仅次于芝麻和花生，有补充体力、消除疲劳的效果。腰果的奇香结合黄豆的豆香，使此款饮品在香飘四溢的同时，还有很好的润肠通便、润肤美容、调节内分泌、延缓衰老的功效。

材 料

黄豆……50克
腰果……25克
莲子……10克
栗子……10克
薏米……10克
冰糖……适量

做 法

1 黄豆、莲子、薏米加水泡至发软，捞出洗净；腰果洗净泡软；栗子去皮洗净，泡软；冰糖捣碎。

2 将黄豆、腰果、莲子、栗子、薏米放入全自动豆浆机中，添水搅打成豆浆。

3 将豆浆过滤，加入适量碎冰糖搅匀溶化即可。

美味米糊，气色红润如花

木瓜枣莲米糊

特色搭配美味小品

什锦糖包 / 176

老中医告诉你这样养：

　　木瓜性温味酸，有健脾消食、清热祛风、驱虫的功效；红枣自古是补血的圣品，可补血益气、红润肤色；莲子有养心安神、补脾止泻、益肾涩清的作用。三者结合，可使机体精气充足，拥有健康好气色。

营养师指导你这样喝：

　　1.木瓜含有的木瓜蛋白酶，可将脂肪分解为脂肪酸。含有的酵素，能消化蛋白质，有利于人体对食物的消化和吸收。含有的凝乳酶有通乳功效。

　　2.莲子心所含的生物碱具有显著的强心作用，可以缓解心律不齐症状。带心莲子还能祛除雀斑。

材　料

大米……80克
木瓜……100克
糖水莲子……10颗
红枣……5颗
白糖……适量

做　法

1 木瓜去皮及籽，切丁；红枣洗净去核，切丁；大米洗净，沥干。

2 将大米和红枣一起放入豆浆机内，注入清水至下水位线，浸泡8小时，再加入木瓜丁和糖水莲子。

3 按常规打成米糊，调入白糖即可。

淡化黑斑，重现亮白肌肤

柳橙橘子汁

特色搭配美味小品
杏仁核桃酥／182

老中医告诉你这样养：

柳橙又名柳丁，味酸甘性平，柳橙果肉可滋润健胃、开胃健脾、生津止渴、补水养颜。柳橙果皮有化痰止咳的功效。橘子与柳橙功效相近，二者结合可增强养颜功效。

营养师指导你这样喝：

1.柳橙和橘子都富含维生素C、枸橼酸及葡萄糖等十余种营养物质，维生素C能淡化黑斑，有益于肌肤美白。

2.柳橙还含有丰富的膳食纤维，能促进肠蠕动、减少胆固醇的吸收、降低脂肪含量，是减肥的好帮手。

材　料

柳橙……1个
橘子……1个
蜂蜜……适量

做　法

1 柳橙清洗干净，剥皮，去籽，切成块。

2 橘子剥皮，掰成瓣，去籽，备用。

3 将柳橙块、橘子瓣一起放入榨汁机中，搅打均匀，将渣过滤后倒入杯中。

4 将适量蜂蜜加入果汁中，搅拌均匀即可。

瓜中美颜两法宝，永葆红颜不衰老

蜜桃双瓜汁

特色搭配美味小品

红茶面包／**183**

老中医告诉你这样养：

　　双瓜指木瓜和黄瓜，蜜桃即水蜜桃。木瓜性温，有健脾消食的功效；黄瓜味甘性凉，可以清热、利水、解毒；水蜜桃性味平和，具有养血美颜的作用。三者搭配，性味互补而平和，可养气血、滋润皮肤、延缓衰老。

营养师指导你这样喝：

　　1.三种水果均富含丰富的维生素C，可以美白皮肤。

　　2.桃子含铁量较高，铁能促进血红蛋白再生，使肌肤红润。

　　3.黄瓜中所含的黄瓜酶是一种有很强生物活性的生物酶，能有效地促进新陈代谢和血液循环，从而达到润肤美容的效果。

材 料

木瓜……200克
鲜桃……200克
黄瓜……100克
柠檬汁……20毫升
蜂蜜……适量
冰块……适量

做 法

1 木瓜洗净去皮，将木瓜肉切成大块；黄瓜洗净，去皮；鲜桃洗净，去皮、核，然后将果肉切成小块。

2 将木瓜瓤、黄瓜肉、桃肉与冰块一起放入榨汁机中榨汁。

3 将榨好的汁倒入杯中，加入柠檬汁和蜂蜜调匀即可。

材 料

木瓜……1/2个
柠檬……1/2个
冰糖……适量
小苏打……适量

做 法

1 木瓜洗净剖开，去皮、籽，切小块备用。

2 柠檬洗净，去皮，切成块。

3 将木瓜块、柠檬块一起放入榨汁机中，搅打均匀，将渣过滤后倒入杯中。

4 将冰糖、小苏打加入果汁中，搅拌均匀即可。

特色搭配美味小品
芝士面包 / 185

贴心小提醒

❶柠檬能缓解孕期呕吐。
❷柠檬的酸性很容易刺激胃，不宜空腹食用。
❸胃溃疡、慢性胃炎的病人不宜食用。

消除水肿，淡化色斑

木瓜柠檬汁

老中医告诉你这样养：

　　木瓜性温味酸，有平肝和胃、舒筋络、活筋骨、降血压的功效；柠檬性温味苦，无毒，具有止渴生津、祛暑、疏滞、健胃、止痛等功能，适合浮肿虚胖的女生饮用。

营养师指导你这样喝：

　　1.木瓜富含17种以上氨基酸及钙、铁等矿物质，还含有酵素、木瓜蛋白酶、番木瓜碱。可有效分解脂肪，让你拥有纤细的身材，独有的番木瓜碱有抗肿瘤功效。

　　2.柠檬中的柠檬酸能祛斑、消除和防止色素沉着，使皮肤白嫩。二者结合是淡化色斑、白嫩肌肤的完美组合。

轻松抑制黑色素，美白肌肤小能手

美白蔬菜汁

特色搭配美味小品
凤梨妙芙 / 186

老中医告诉你这样养：

蔬菜汁富含多种营养物质，营养价值丰富，可整体调节身体的水液代谢，有润肠通便、排毒养颜的功效。

营养师指导你这样喝：

这款蔬菜汁中富含人体所需的多种维生素以及钙、磷、钾、镁等矿物质，营养非常均衡。富含抗氧化物，是滋润肌肤、延缓衰老、美白肌肤的黄金组合。

材料

青椒……1个
黄瓜……1根
青苹果……1个
西芹……2棵
凉开水……100毫升
白糖……适量

做法

1 青椒洗净，去蒂、籽，切成小丁；黄瓜洗净，切成小段；青苹果洗净，去皮、核，切成小块；西芹择洗净，切成段。

2 将处理好的蔬果与凉开水一起放入榨汁机中榨汁。

3 倒出榨好的果蔬汁，加入白糖搅拌均匀即可。

全能果汁，除皱、美白、抗衰样样行

美肤芹菜汁

特色搭配美味小品

葡萄蛋糕／187

老中医告诉你这样养：

芹菜味甘苦性凉，有散瘀破结、平肝清热、祛风利湿、清肠利便的功效。它还含有大量的纤维素，有抗氧化的作用，能消除皱纹、美白皮肤。

营养师指导你这样喝：

芹菜含铁量较高，能补充妇女经血的损失，是缺铁性贫血患者的佳蔬；蜂蜜对肝脏有保护效果，能促进肝细胞再生，对脂肪肝有一定的抑制效果。

贴心小提醒

❶芹菜性凉质滑，脾胃虚寒、大便溏薄者不宜多食。
❷芹菜有降血压作用，故血压偏低者慎用。
❸不喜其气味者，去掉叶子可减弱气味。

材 料

芹菜……200克
凉开水……100毫升
冰块……适量
蜂蜜……适量

做 法

1 芹菜去叶洗净，切成小段备用。

2 把芹菜段、凉开水放入榨汁机中，搅打均匀。

3 将汁液过滤后，倒入装有冰块的杯中，加入蜂蜜调匀即可。

热带水果之王，养颜有奇效

菠 萝 汁

老中医告诉你这样养：

菠萝性平微酸，有清暑解渴、养颜瘦身、消食止泻、补益气血等功效，可预防心血管疾病、糖尿病的发生。

营养师指导你这样喝：

菠萝中含有的维生素有淡化色斑、使皮肤润泽透明、去除角质的作用，经常食用可加快皮肤新陈代谢，使皮肤呈现出健康状态。另外，菠萝中还含有一种叫菠萝蛋白酶的物质，它能有效去除牙齿表面的污垢，令牙齿洁白如玉。

材　料

菠萝肉……200克
盐……适量

做　法

1 把菠萝肉切成3厘米见方的果丁，
　放入淡盐水中浸泡片刻，捞出，
　备用。

2 将准备好的菠萝丁放入榨汁机
　中，榨取果汁。

3 在菠萝汁中加入适量水和盐拌匀
　即可。

贴心小提醒

❶食用菠萝前用淡盐水浸泡2
分钟可减弱酸味，口感更好。
❷菠萝不宜与鸡蛋同食。
❸对菠萝蛋白酶过敏者不可
食用。

清香美颜茶

材料
洋甘菊……3克
苹果花……3克
枸杞子……3克
柠檬……1片

做法

1 将洋甘菊、苹果花揉碎，与枸杞子一起放入纱布袋中，做成茶包。

2 将茶包放入杯中，冲入沸水，静置3～5分钟，让其充分浸泡出味。

3 再将柠檬挤汁入杯中，最后将整片柠檬再泡入杯中。可反复加入300毫升沸水冲泡饮用直至味淡。

功 效

苹果花中的苹果酚与柠檬中的维生素C都能养颜美白，再加上洋甘菊能清热解毒，可加速分解黑色素，提升美白效果。

蔬果美白茶

材料
草莓……9个
桑白皮粉……5克
苹果……1个
菠菜……少许
蜂蜜……适量
柠檬片……2片
冰块……适量

做法

1 先将草莓、苹果、菠菜洗净后，放入榨汁机中，打成果汁后，滤渣取汁，加入200毫升白开水稀释。

2 将汁液倒入锅中，再加入蜂蜜，用小火煮至沸腾后关火。

3 加入桑白皮粉冲泡，静置5分钟。

4 倒入冲茶器内，放入柠檬片，饮用时加入少量冰块即可。

PART 10

减肥塑身

　　肥胖的根本原因是每天的能量摄入总值超过了能量消耗总值。最科学的减肥办法是适量降低能量摄入，同时进行有氧运动来加速新陈代谢，加大能量消耗。在饮食上，要注意少吃高热量食品，尤其不要喝果汁、汽水等饮料，这些饮料几乎没有任何营养，热量却非常高，属于极易使人发胖的垃圾食品。喜欢喝果汁的朋友可以选择适合自己的水果亲手榨汁，不仅低热量、纯天然，还非常有益健康。另外，还要多吃富含纤维素的蔬菜。纤维素的热量非常低，又能增加饱腹感，更重要的是纤维素可以促进肠道蠕动，帮助身体顺畅排毒，对减肥很有帮助。如果觉得一天吃不了太多蔬菜，可以将蔬菜榨成蔬菜汁，集中补充纤维素。

材料

黄豆……60克
茉莉花……10克
绿茶……10克
白糖……适量

做法

1 黄豆用清水浸泡8～12小时，洗净；茉莉花与绿茶用清水冲洗干净，用开水冲泡，净置半小时晾凉，滤去茉莉花和绿茶。

2 把黄豆倒入豆浆机中，加冲泡好的茉莉花茶水至上、下水位线之间，按下"豆浆"键，煮至豆浆机提示豆浆做好，滤去豆渣，根据个人口味加入白糖调味即可。

健脾化湿、减少脂肪堆积的好帮手

茉香绿茶豆浆

特色搭配美味小品
豆沙包／176

老中医告诉你这样养：

　　茉莉花味苦性凉，香味浓郁，有理气开郁、健脾化湿、利尿解毒、滋润肌肤的功效；绿茶味苦性凉，可以提神清心、清热解暑、去腻减肥。中医讲五味中苦能泻下、祛燥湿、降火，二者联合苦味倍增，搭配豆浆的醇香甘甜，口感适中，可让你轻松拥有纤细好身材。

营养师指导你这样喝：

　　1.茉莉花中含有儿茶素、胆甾烯酮、咖啡碱、肌醇、叶酸、泛酸等多种成分，有预防和抑制肥胖的功效。

　　2.绿茶含有的茶碱及咖啡因可以有效减少脂肪细胞堆积，从而达到瘦身的效果。

贴心小提醒

❶制作豆浆时，绿茶要过滤掉茶叶只用茶水。
❷茉莉花中的咖啡碱对大脑皮质有兴奋作用，因此不宜睡前饮用，不宜空腹饮用。
❸便秘、神经衰弱、缺铁性贫血的患者不宜饮用。

好吃又饱腹的绿色减肥食品

红薯燕麦米糊

特色搭配美味小品
吐丝艾窝窝 / 178

老中医告诉你这样养：

红薯味甘性平，有补脾益气、润肠通便的功效；燕麦可以益肝和胃、美白祛斑。二者联合可增加饱腹感，营养也很丰富，是健康减肥的首选。

营养师指导你这样喝：

1.红薯含有大量膳食纤维，能增强肠道蠕动，加快身体新陈代谢速度。红薯中的雌激素能减少皮下脂肪堆积，有明显的减肥效果。

2.燕麦含有的水溶性纤维 β-葡聚糖能增强饱腹感。且煮熟后的燕麦片热量很低，与红薯一起做成米糊，味道香甜可口，是一款经济又美味的减肥食品。

贴心小提醒

❶燕麦要干燥保存。
❷湿阻脾胃、气滞食积、肠道敏感者应慎食此款饮品，以免引起肠道胀气、胃部疼痛、腹泻等症状。

材　料

红薯……100克
燕麦片……100克

做　法

1 红薯洗净表面污泥，剜去斑点，去皮，切成小丁。

2 燕麦片放入豆浆机内，注入清水至上、下水位线之间，浸泡2小时。

3 加入红薯丁，按"米糊"键打成米糊即可。

润肠通便，跟宿便说"拜拜"

丝瓜虾皮米糊

特色搭配美味小品

夹心饼干／**180**

老中医告诉你这样养：

丝瓜味苦性微寒，有清暑凉血、解毒通便、祛风化痰、润肌美容、下乳汁、调理月经的功效。

营养师指导你这样喝：

丝瓜含有的皂苷和黏液能润肠通便，加快体内毒素排出、提升新陈代谢、减少脂肪堆积。丝瓜中的植物黏液、维生素及矿物质能补充肌肤所需水分，使肌肤水嫩、细腻；虾皮中含有丰富的蛋白质和矿物质，有"钙库"之称，特别适用于更年期女性补充钙质。此款米糊热量较低，既能帮助减肥，又能美白皮肤。

材　料

小米……100克
丝瓜……50克
虾皮……10克
盐……适量
料酒……适量

做　法

1 丝瓜洗净，去皮及瓤，切成小方丁；虾皮用加有数滴料酒的温水泡软；小米淘洗干净，沥去水分。

2 小米放入豆浆机内，注入清水至下水位线，泡4小时，再加入虾皮和丝瓜丁。

3 按常规打成米糊，调入盐即可。

材　料

西瓜瓤……150克
大米……100克
糖水蜜桃……50克
冰糖……适量

做　法

1 西瓜瓤去籽，同糖水蜜桃
一起压成细泥；大米淘洗干
净，沥去水分。

2 把大米放入豆浆机内，加清
水至上、下水位线之间，泡
8小时，加入冰糖，按常法
打成糊。

3 将米糊倒在碗中，加入西瓜
泥和蜜桃泥拌匀，待自然冷
却后，用保鲜膜封口，入冰
箱冷藏约20分钟后，加冰糖
调味即可。

特色搭配美味小品
开花发糕 / 175

贴心小提醒

❶红白相间的西瓜皮利
尿效果最好，可以选用
这一部分做米糊。

❷糖尿病患者不宜多食
此款饮品。

清热利尿，消水肿的减肥秘密武器

西瓜蜜桃米糊

老中医告诉你这样养：

西瓜性寒味甘，有清热解暑、生津止渴的作用；桃子味
甘性温，有补气润肺、养阴、生津、润肠、活血、止喘、美
肤的功效。二者联合营养极佳，且清香甜美。

营养师指导你这样喝：

1.西瓜和蜜桃含有大量膳食纤维，可帮助身体排毒；西
瓜汁能增加皮肤弹性、减少皱纹、延缓衰老。

2.蜜桃富含的果胶类物质能吸收大肠中多余的水分，防
止大便干燥，从而达到润肠通便的效果。蜜桃还含有较多的
有机酸和纤维素，能加快新陈代谢，达到减肥的作用。

肠道空空，远离发胖危机

西柚汁

特色搭配美味小品
港式蛋挞 / 181

老中医告诉你这样养：

西柚性寒味甘酸，具有生津止渴、润肺清肠、补血健脾的功效。可辅助治疗便秘、淡化雀斑、改善皮肤暗黄等现象。

营养师指导你这样喝：

西柚富含维生素C和纤维素，不仅具有抗氧化美白的作用，还容易让人产生饱腹感。含有的特殊氨基酸，能够抑制胰岛素分泌，从而抑制血糖在肝脏中转化为脂肪，是减肥塑身的最佳伴侣。

贴心小提醒

❶高血压患者不宜吃西柚。
❷西柚性寒，身体虚寒的人不宜多吃。

材 料

西柚……1/2个
凉开水……200毫升
蜂蜜……适量
冰块……适量

做 法

1 西柚去皮，将瓤瓣间的白膜去掉，再将瓤瓣掰成小块。

2 将掰好的西柚果肉与凉开水一起放入榨汁机中榨汁。

3 待榨好后，加入冰块、蜂蜜调匀即可。

当"水果之后"遇到"减肥圣果"

苹果香蕉汁

特色搭配美味小品

花生饼干 / 180

老中医告诉你这样养：

苹果味甘性平，有生津止渴、和胃降逆、润肠止泻、养心益气的功效；香蕉味甘性寒，有"减肥圣果"之称，能清肠胃、治便秘、清热润肺、止烦渴、填精髓、解酒毒。

营养师指导你这样喝：

1.苹果为"水果王后"，香蕉为"减肥圣果"，二者均含有大量的纤维素，能刺激大肠蠕动，从而润肠通便，达到减肥的效果。

2.苹果中的果酸可以加速代谢，减少体内脂肪堆积。

3.香蕉的淀粉含量很高，易产生饱腹感，有抑制食欲的效果。

材　料

苹果……2个
香蕉……1根
凉开水……80毫升
蜂蜜……适量

做　法

1 苹果洗净，去皮、核，切块；香蕉去皮，切段。

2 将香蕉段和凉开水放入搅拌机中搅打成糊。

3 倒出香蕉糊后，清洗搅拌机，再将苹果块与香蕉糊一起放入榨汁机中搅拌20秒，倒出。

4 根据个人喜好，加入适量蜂蜜调味即可。

超低热量、超高营养的美容减肥饮品

猕猴桃黄瓜汁

特色搭配美味小品

香芋玫瑰酥／181

老中医告诉你这样养：

　　猕猴桃有生津解热、止渴利尿、延缓衰老的功效；黄瓜性凉味甘，能
生津止渴、利尿消肿。二者结合可消除浮肿。

营养师指导你这样喝：

　　1.猕猴桃有"奇异果"之称，营养丰富并且热量极低，是减肥美容的
最佳选择。猕猴桃还含有其他水果中少见的镁。其特有的膳食纤维不但能
够促进消化吸收，还可以令人产生饱腹感从而抑制食欲。

　　2.黄瓜中所含的丙醇二酸能抑制糖类物质转换为脂肪，从而减少体内
脂肪堆积。纤维素可排除人体肠道内的腐败物质，降低胆固醇。

材　料

猕猴桃……3个
黄瓜……1/2根
凉开水……100毫升
蜂蜜……适量

做　法

1 黄瓜洗净，切成丁；猕猴桃
用勺挖出肉，放入碗中。

2 将黄瓜丁与猕猴桃肉一起
放入榨汁机中，加入凉开水
榨汁。

3 榨好汁后，加入蜂蜜调匀
即可。

贴心小提醒

❶猕猴桃性寒，脾胃虚
寒者应慎食，便溏腹泻
者不宜食用。
❷先兆性流产、月经过
多和尿频者忌食。
❸此品是糖尿病人首选
的健康饮品。

口味虽独特，减肥效果却奇佳

洋葱黄瓜汁

特色搭配美味小品
香草全麦面包／**183**

老中医告诉你这样养：

　　洋葱味甘微辛，可润肠、理气和胃、健脾消食、发散风寒、温中通阳、提神醒脑、散瘀解毒；黄瓜性凉味甘，能生津止渴、解暑除烦、利尿消肿。

营养师指导你这样喝：

　　1.洋葱特含的槲皮素和前列腺素A能扩张血管、降低血压、预防心血管疾病的发生。洋葱中还含有微量硒元素，有抗氧化、抗肿瘤的作用。

　　2.黄瓜中含有丰富的黄瓜酶，能促进机体新陈代谢，消耗能量，从而达到减肥的效果。

材 料

洋葱……1个
黄瓜……1根
块根芹……1/2个
凉开水……200毫升
甘蔗汁……20毫升

做 法

1 将洋葱剥去老皮，洗净，切成块；黄瓜、块根芹分别洗净，切成块（由于块根芹密度比较大，应该切得更小一些）。

2 将切好的洋葱、黄瓜、块根芹一起放入榨汁机中，加凉开水榨汁，倒入杯中。

3 再调入甘蔗汁搅拌均匀即可。

加快新陈代谢，让你想胖都难的饮品

姜鲜黄瓜汁

老中医告诉你这样养：

　　生姜性温，有暖胃止呕、发汗解表的功效；黄瓜性凉味甘，能生津止渴、解暑除烦、利尿消肿。二者结合性味中和，阴阳互补，在平衡中补益身体。并能加快新陈代谢，防止发胖。

营养师指导你这样喝：

　　生姜能使胃蛋白酶作用减弱，脂肪分解酶的作用增强，可加快身体代谢、提高脂肪燃烧率、减少脂肪堆积。与黄瓜搭配，减肥效果倍增，是一款不错的瘦身饮品。

<table>
<tr><td>特色搭配美味小品</td></tr>
<tr><td>土豆面包／184</td></tr>
</table>

材 料

黄瓜……150克
柠檬……1/2个
生姜……1块
蜂蜜……适量
冰块……适量

做 法

1 黄瓜洗净，切成段后对半剖开；柠檬洗净，去皮；生姜洗净，切成片。

2 将姜片与黄瓜段放入榨汁机中榨汁，再加入柠檬榨汁。

3 将榨好的汁液倒入盛有冰块的杯中，加入蜂蜜搅匀即可。

减肥不用饿肚子，一杯豆浆享健康

红薯山药豆浆

特色搭配美味小品
虾酱窝头／**174**

老中医告诉你这样养：

红薯味甘性平，有润肠通便、养阴补虚的功效；山药能健脾益气、平补三焦、固肾益精，可辅助治疗肥胖、脾胃虚弱、倦怠无力、食欲不振等病症。山药含有的淀粉易使大便干结，而红薯有润肠通便的功效，相互中和，相辅相成，可达到很好的减肥效果。

营养师指导你这样喝：

营养学家称红薯为营养最平衡的保健食品，也是最为理想的减肥食物。红薯中的纤维素能刺激肠道蠕动，促进排泄畅通。且纤维结构在肠道内不易被吸收，可阻碍糖类转变为脂肪。

材　料

红薯……50克
山药……50克
黄豆……25克
燕麦片……适量
白糖……适量

做　法

1 黄豆加水泡至发软，捞出洗净；红薯、山药分别去皮切丁，山药下入开水锅中焯烫，捞出沥干；燕麦片用水泡开。

2 将红薯丁、山药丁、燕麦片、黄豆放入全自动豆浆机中，添水搅打成豆浆。

3 将豆浆过滤，加入适量白糖调匀即成。

塑身美腿茶

材料

马鞭草……3克
迷迭香……3克
柠檬草……3克
薄荷叶……3克

做法

1 将马鞭草揉碎备用。

2 将迷迭香、柠檬草、薄荷叶和揉碎的马鞭草混合均匀，缝入纱布袋中做成茶包。

3 将茶包放入茶壶中，冲入500毫升沸水，闷泡3～5分钟至散发香味后饮用即可。可反复冲泡至茶味变淡。

玲珑消脂茶

材料

柠檬马鞭草……3克
柠檬香茅……1克
甜菊叶……5片
老姜……适量

做法

1 将柠檬马鞭草、柠檬香茅、甜菊叶洗净备用；柠檬香茅剪成小段，老姜切成片备用。

2 将所有材料放入茶壶中，冲入沸水闷泡5分钟后饮用即可。

功效

　　此款茶饮能迅速分解体内脂肪，达到消脂塑身的效果。

PART 11

生理期保养

月经是女性特有的生理性规律。在经期合理饮食既能补充由于经血流失给身体带来的损耗，还能调节情绪，缓解痛经。

研究发现，女性每天摄入1200毫克钙和700国际单位的维生素D可降低患经前期综合征的风险。经期女性可多喝牛奶、酸奶、橙汁、豆奶等饮品；不宜暴饮暴食、吃过多辛辣、寒凉、生冷食物，不宜食用中药补品；少食咸食。

女性生理期还要注意不能太劳累，过于劳累会导致经期延长或失血过多。要注意保暖，少吹空调。可以适当吃些甜食。

清心润肺，丰胸催乳的不二选择

木瓜豆浆

特色搭配美味小品

椰香龙虾酥／**182**

老中医告诉你这样养：

　　木瓜性平味甘，清心润肺、健胃益脾，有"岭南果王"之称。用做妇女催乳的饮品时采用未成熟的木瓜，用做润肺健胃的饮品时则采用成熟的木瓜。无论作水果之用还是做饮品，都是清心润肺佳品。

营养师指导你这样喝：

　　木瓜含有的木瓜蛋白酶，可将脂肪分解为脂肪酸，含有的酵素能消化蛋白质，有利于人体对食物的消化和吸收，含有的凝乳酶有通乳功效。

材　料

黄豆……50克
木瓜……40克
蜂蜜……适量

做　法

1 将黄豆清洗干净，在温水中泡7~8小时至发软，捞出；木瓜去皮及籽，切丁。

2 将泡好的黄豆、木瓜一同放入豆浆机中，加清水至上、下水位线之间，启动豆浆机，待豆浆制作完成后，过滤，调入蜂蜜即可。

材 料

黄豆……60克
桂圆……15克
红枣……15克
冰糖……适量

做 法

1 黄豆用清水浸泡8～12小时，洗净；桂圆去壳、核；红枣洗净去核，切碎。

2 将上述食材一同放入豆浆机中，加入清水至上、下水位线之间，然后按下"豆浆"键，打成豆浆。

3 待豆浆制作完成后过滤，加入冰糖搅拌至化开即可。

> 特色搭配美味小品
> **菊花包 / 175**

> **贴心小提醒**
>
> ❶桂圆易生内热，少年及体壮者少食为宜。
> ❷有大便干燥、小便黄赤、口干舌燥等阴虚内热表现者不宜食用。

双管齐下，补气养血又安神

桂圆红枣豆浆

老中医告诉你这样养：

桂圆性平味甘，可益气补血、安神定志、养血安胎，对失眠健忘、脾虚腹泻有很好的辅助治疗作用；红枣有补中益气、养血安神、缓和药性的功效。

营养师指导你这样喝：

桂圆含有硫胺素、核黄素、尼克酸、抗坏血酸等多种营养物质，特别适宜经期妇女、体质虚弱的老年人、记忆力低下者食用；红枣含有丰富的钙和铁，可防治骨质疏松症和贫血。

材 料

小米……100克
豆腐……50克
番茄……1个
盐……适量

做 法

1. 小米淘洗干净，沥干水分；豆腐切成小丁，用沸水焯透；番茄洗净去皮，切丁。

2. 把小米倒入豆浆机内，注入清水至上、下水位线之间，浸泡8小时，用豆浆机搅打两遍。

3. 再加入豆腐丁和番茄丁，继续搅打成糊，调入盐即可。

补血养红颜，越喝越美丽

番茄豆腐米糊

<table>
<tr><td>特色搭配美味小品</td></tr>
<tr><td>豆沙包 / 176</td></tr>
</table>

老中医告诉你这样养：

番茄性平味酸甘，有健胃消食、生津止渴、美容美白的功效；豆腐味甘性凉，有益气和中、生津润燥、清热解毒的功效。

营养师指导你这样喝：

1.营养学研究发现番茄含有丰富的番茄红素，可抗氧化、延缓衰老、软化血管、保护心血管、有效预防子宫癌。此外，番茄还含有丰富的胡萝卜素和维生素。

2.豆腐中含有丰富的植物雌激素，能有效防治骨质疏松症，含有的甾固醇和豆甾醇均是抗癌的有效成分。豆腐还是植物蛋白质的最好来源，有"植物肉"的美称。

贴心小提醒

应选取鲜嫩的豆腐，不宜选择老豆腐。

祛寒散瘀，女性的贴心朋友

翡翠米糊

特色搭配美味小品

驴打滚／**178**

老中医告诉你这样养：

　　韭菜性温，有祛寒散淤、滋阴壮阳、益肝健胃的功效，能辅助治疗妇女行经小腹冷痛、产后乳汁不通等症；菠菜性凉味甘，入肝肾经，可以养血止血、利五脏、活血脉、除烦解渴、敛阴润燥。菠菜搭配韭菜的温热之性，二者结合既温经散寒又活血化瘀，特别适宜生理期腰酸背痛、胞宫寒冷、痛经的女性食用。

营养师指导你这样喝：

　　菠菜所含的铁剂有生血的作用，可以补充生理期血液流失。菠菜中所含的胡萝卜素能提高免疫力，增强预防传染病的能力。

材　料

大米……100克
韭菜……25克
菠菜……25克
盐……适量

做　法

1 韭菜、菠菜分别择洗干净，沥干水分，切碎；大米淘洗干净，沥去水分。

2 将大米放入豆浆机内，注入清水至上、下水位线之间，浸泡8小时，加入韭菜和菠菜。

3 按"米糊"键搅打成糊，调入盐即可。

芳香可口，一杯果汁喝出好心情

苹果葡萄柚汁

特色搭配美味小品
夹心饼干 / 180

老中医告诉你这样养：

苹果味甘性凉，具有生津止渴、润肺除烦、健脾益胃、养心益气、润肠、止泻、解暑、醒酒的功效；葡萄柚味甘酸性凉，能增进食欲，具有利尿美白、减肥、增强记忆力的功效。

营养师指导你这样喝：

1.苹果特有的香味可以缓解因压力过大造成的不良情绪，是治疗抑郁和压抑感的良药，能帮助更年期女性缓解负面情绪。

2.葡萄柚是最好的抗氧化剂，能保护心血管健康，增强机体免疫功能，降低心脏病和中风的发病概率。

贴心小提醒

生理期可将果汁用温水加热后饮用，但不宜煮沸。

材 料

苹果……1个
葡萄柚……1个
蜂蜜……适量

做 法

1 苹果洗净后，去皮、核，切成小块；葡萄柚洗净，去皮，切成小块。

2 将处理好的苹果、葡萄柚放入榨汁机中，放入适量水榨汁，加入蜂蜜搅匀即可。

材 料

黄甜椒……1/2个
胡萝卜……1根
菠萝……100克
生姜汁……10毫升
白开水……适量

做 法

1 胡萝卜洗净，切成小丁；黄甜椒洗净，去蒂、籽，切成小块；菠萝去皮，切成丁。

2 把所有材料与白开水一起放入榨汁机中榨汁。

3 榨好汁后倒入杯中，加入生姜汁搅拌均匀即可。

特色搭配美味小品
千层蛋糕 / 189

贴心小提醒

建议食用当季水果和蔬菜，顺应四时。

蔬菜水果巧搭配，散烦美颜保健康

鲜果时蔬汁

老中医告诉你这样养：

《食疗本草》记载生姜有止逆、散烦闷、开胃气的功效，生理期服用生姜水可以暖宫，缓解痛经症状。

营养师指导你这样喝：

甜椒中的维生素A和维生素C是蔬菜中含量最高的，尤其是在成熟期，果实中的营养成分除维生素C含量未增加外，其他营养成分均会增加五倍；菠萝含有一种叫"菠萝朊酶"的物质，能溶解阻塞于组织中的纤维蛋白和血凝块，改善局部血液循环。生姜的提取物能刺激胃黏膜，引起血管运动中枢及交感神经的反射性兴奋，促进血液循环。

材 料

雪梨……1个
鲜百合……30克
甜杏仁……10克
冰糖……适量

做 法

1 雪梨洗净，去皮、核，切成小块；百合、杏仁分别洗净。

2 将雪梨、百合、杏仁一起放入搅拌机中，加适量水搅打均匀，放入冰糖搅拌至化即可。

清热利尿、生津润燥，给心肺的贴心呵护

百合雪梨汁

特色搭配美味小品
布朗尼蛋糕／188

老中医告诉你这样养：

　　雪梨味甘微酸性凉，有生津润燥、清热化痰、解酒的功效。百合味甘微苦性寒，有润肺止咳、清心安神、补中益气、清热利尿的作用。

营养师指导你这样喝：

　　雪梨含有较多糖类物质和多种维生素，易被人体吸收，有增进食欲，保护肝脏的作用。梨中的果胶含量很高，有助于促进肠道蠕动，帮助排便。

贴心小提醒

此款饮品性寒凉，风寒咳嗽、脾胃虚寒及大便稀溏者不宜多食。

活血化瘀，贴心呵护缓解痛经

山楂大米豆浆

特色搭配美味小品

什锦糖包／**176**

老中医告诉你这样养：

　　山楂性微温味酸甘，有消食化积、行气散瘀的功效。可以辅助治疗饮食积滞、泻痢腹痛、疝气痛、瘀阻胸腹痛等症；大米有补中养胃、益精强志、聪耳明目、和五脏、通四脉、止烦、止渴、止泻的作用。山楂搭配大米、黄豆一起食用，可以缓解痛经，减少经血内的血块。

营养师指导你这样喝：

　　山楂中的黄酮类物质，可以预防心血管系统疾病的发生。此外，山楂中含有机酸如氯原酸、咖啡酸及鞣质、鞣苷、表儿茶酚、胆碱、乙酰胆碱、β谷甾醇、胡萝卜素及大量维生素C，营养非常丰富。

材　料

黄豆……60克
山楂……25克
大米……20克
白糖……适量

做　法

1 黄豆用清水浸泡至软，洗净；大米淘洗干净；山楂洗净，去蒂，除核，切碎。

2 将上述食材一同倒入豆浆机中，浸泡2小时，添水搅打成豆浆。

3 将豆浆过滤，饮用时加白糖调味即可。

补虚调养，喝出健康红润好气色

红豆小米豆浆

特色搭配美味小品
豌豆黄／179

老中医告诉你这样养：

红豆性平味甘酸，入心、小肠经。有利水除湿、消肿解毒的功效；小米有开肠胃、补虚损、益丹田的作用，可辅助治疗气血亏损、体质虚弱、胃纳欠佳等症。女性在生理期时，身体相对虚弱，易感外邪，此款豆浆可提高免疫力。

营养师指导你这样喝：

红豆含有较多的皂角甙，可刺激肠道，有良好的利尿作用，能解酒、解毒。另外红豆还含有较多的膳食纤维，具有良好的润肠通便、降血压、降血脂、调节血糖、解毒抗癌、预防结石的作用。

材　料

红豆……50克
小米……20克
胡萝卜……1/2根
冰糖……适量

做　法

1 红豆加水泡至发软，捞出洗净；小米淘洗净，胡萝卜洗净，切小丁；冰糖捣碎。

2 将小米、红豆、胡萝卜放入豆浆机中，添水搅打成豆浆。

3 将豆浆过滤，加入适量碎冰糖调匀即成。

材 料

黄豆……60克
水发海带……30克
盐……适量

做 法

1 黄豆用清水浸泡至发软，洗净；海带洗净，切碎。

2 将海带和浸泡好的黄豆一同倒入全自动豆浆机中，添水搅打成豆浆。

3 将豆浆过滤，加入适量盐调味即成。

特色搭配美味小品

香芋玫瑰酥 / 181

贴心小提醒

❶孕妇与乳母不可食用过量海带。
❷脾胃虚寒者和甲亢的病人要忌食。

补碘之王，养好卵巢人不老

海带豆浆

老中医告诉你这样养：

海带性寒味咸，入肝胃肾三经，有消痰软坚、泄热利水、止咳平喘的功效，可以辅助治疗瘿瘤、瘿瘤（即现在所说的大脖子病）。结合黄豆的补血调血功能，可以缓解经期女性气血不足的症状。

营养师指导你这样喝：

海带中含有大量的碘，可以刺激脑垂体，降低体内雌激素水平、恢复卵巢的正常机能、纠正内分泌失调、消除乳腺增生的隐患。同时海带所含的不饱和脂肪酸EPA还可预防心脑血管疾病。

益气健脾，补虚祛脂，降压降糖

米香豆浆

老中医告诉你这样养：

　　大米味甘性平，有补中益气、健脾养胃、益精强志、和五脏、通血脉、止烦、止渴、止泻的功效。生理期的女性因失血而津液减少，此款豆浆是补津液的最好选择，可达到提高身体正气以抵抗外邪的作用。

营养师指导你这样喝：

　　1.大米含有的米精蛋白，能补充人体所需的多种氨基酸，并且较易消化吸收。此外，大米还含有多种矿物质、膳食纤维和B族维生素。

　　2.黄豆含有的大豆蛋白质和大豆卵磷质可以降低胆固醇。另外豆浆还具有高热效应，能升高体温、温暖身体，非常适合经期体寒怕冷的女性饮用。

材　料

大米……50克
黄豆……25克
白糖……适量

做　法

1 黄豆泡软，捞出后洗净备用；大米洗净。

2 将大米、黄豆放入全自动豆浆机中，添水搅打成豆浆。

3 将豆浆过滤，加白糖调味即成。

贴心小提醒

忌喝未煮熟的豆浆，且忌在豆浆里打鸡蛋。

川芎乌龙茶

材料

乌龙茶……6克
川芎……3克

做法

1 将川芎洗净，沥干备用。

2 将所有材料放入杯中，直接冲入沸水350毫升，闷泡2～3分钟。

3 滤渣取汁饮用即可。

功效

利于行气、开郁、止痛，能上行头目，下调经水，还可预防心血管栓塞。

姜枣通经茶

材料

生姜……100克
红枣……7克
花椒……3克
红糖……适量

做法

1 将生姜洗净，切成粗丝备用。

2 将生姜丝与花椒、红枣一起加入600毫升清水煎煮，至红枣熟软，滤渣取汁，加入红糖搅拌均匀饮用即可。

功效

此款茶饮能暖胃、散寒、止痛，加上红糖可活血化瘀，改善经痛。

PART 12

孕期保养

　　怀孕是一个神奇的过程，小小的生命还未出世就会和准妈妈"抢"营养。为了满足母婴双方的营养需求，在这一时期，准妈妈们一定要格外注意自己的饮食健康，准妈妈所摄取的食物不仅影响母亲和胎儿的健康，对于孩子的后天发育也有很大影响。

　　孕期保养中，孕妇的饮食习惯也十分重要。三餐应定时，要遵循早餐丰富、午餐适中、晚餐量少的原则。营养应当均衡，食物种类要多样，最好以未经过深加工的食物为主。烹调的方式要清淡，少用调味料，少吃垃圾食品，可以选择合适的豆浆和果蔬汁作为营养加餐。只有做好这些营养补充，才能以良好的状态和健康的体魄孕育健康宝宝。

材料

黄豆……50克
熟白芝麻……15克
红枣……15克
冰糖……适量

做法

1 黄豆用清水浸泡8～12小时，洗净；红枣洗净，去核，切碎；白芝麻碾碎。

2 将所有食材一同放入豆浆机中，加清水至上、下水位线之间，启动豆浆机。

3 将豆浆过滤，加入适量冰糖调味即可。

妈妈补血，宝宝增智

芝麻红枣豆浆

特色搭配美味小品

开花发糕／175

老中医告诉你这样养：

红枣有补中益气、养血安神的功效；芝麻性味甘平，有生津通乳、益肝养发、补血明目、祛风润肠、抗衰老的作用。二者均性质平和，再联合黄豆中的优质蛋白，使这款饮品具有丰富的营养价值，对孕期女性有很好的补益调理作用。

营养师指导你这样喝：

1.营养学研究发现红枣有镇静催眠、增强身体抵抗力、抗过敏、抑制癌细胞增殖、抗突变的作用。

2.芝麻含蛋白质、脂肪、维生素E、维生素B_1、维生素B_2、多种氨基酸、钙、磷、铁等微量元素。含有的不饱和脂肪酸有利于胎儿大脑发育，使宝宝健康聪明。

缓解孕期疲乏的最佳选择

红枣糯米豆浆

特色搭配美味小品
牛奶馒头 / 174

老中医告诉你这样养：

糯米又称"江米"，中医认为其性味甘温，有补中益气、健脾止泻、温补脾胃、解毒的功效；红枣有补中益气、养血安神作用，可以很好地缓解孕期疲乏及体虚的症状。二者与豆浆结合加强了补益身体的作用，是孕期最佳饮品之一。

营养师指导你这样喝：

女性在怀孕期间极易疲乏、贫血。红枣中维生素C的含量是葡萄、苹果的70倍，可以帮助缓解身体疲劳。

材　料

黄豆……60克
红枣……10克
糯米……20克
蜂蜜……适量

做　法

1 黄豆洗净，用清水浸泡10～12小时，捞出洗净；糯米淘洗干净，用清水浸泡2小时；红枣洗净，去核，切碎。

2 将上述食材一同倒入豆浆机中，加入清水至上、下水位线之间，按下开关搅打成豆浆。

3 将豆浆过滤，调入适量蜂蜜即可。

提高孕期抵抗力，生个健康聪明的宝宝

榛仁豆浆

特色搭配美味小品
虾酱窝头／174

老中医告诉你这样养：

　　榛仁性味甘平，能补脾益气、涩肠止泻。《开宝本草》谓其"益气力，实肠胃，令人不饥，键行"。可辅助治疗脾胃虚弱、少食乏力、便溏腹泻等症状。配合豆浆补虚、利大便、降血压、增乳汁的功效，可以预防和缓解孕妇的疲乏、体弱及妊娠期高血压等病症。

营养师指导你这样喝：

　　榛仁有"坚果之王"的美称。榛子富含油脂，有利于脂溶性维生素在人体内的吸收，对体弱、病后虚羸的人有很好的补养作用。

材　料

黄豆……60克
榛仁……20克
白糖……适量

做　法

1 将黄豆洗净，放入清水中浸泡10～12小时，捞出洗净备用。

2 将泡好的黄豆和榛仁放入全自动豆浆机中，添水搅打成豆浆。

3 将豆浆过滤，加入适量白糖调味即可。

材 料

小米……50克
黄黍米……25克
玉米糁……25克
白糖……适量

做 法

1 小米、黄黍米、玉米糁分别淘洗干净，沥干。

2 将小米、黄黍米和玉米糁放入豆浆机内，加清水至上、下水位线之间，泡8小时，按下"米糊"键，煮至豆浆机提示米糊做好，加入白糖调味即可。

特色搭配美味小品

吐丝艾窝窝 / 178

贴心小提醒

❶ 小米不宜与杏仁同食，易使人发生吐泻。
❷ 新米的补益效果优于陈米，且小米糊不宜做得太稀。

和胃止吐，让孕期变得很轻松

黄金小米糊

老中医告诉你这样养：

古人把小米列为五谷之首。小米熬粥有"代参汤"之称。其味甘咸性凉，色黄，入脾胃经、肾经。可治疗反胃热痢，有益丹田、补虚损、开肠胃、滋胃阴、清虚热的功效。适宜内热者及脾胃虚弱者食用，还可辅助缓解妊娠期呕吐。

营养师指导你这样喝：

小米营养丰富，色氨酸含量位居谷类首位，可帮助调节睡眠。小米中维生素B_1的含量位居粮食之首，含铁量也优于大米。对于孕妇来说，是不错的营养食物。

材 料

莲藕……100克
糯米……100克
红糖……适量

做 法

1 莲藕洗净去皮，切成小丁；糯米淘洗干净，沥去水分。

2 将糯米倒入豆浆机内，注入清水至上、下水位线间，浸泡8小时，再将莲藕丁加入豆浆机内。

3 按常法反复搅打成糊，加入红糖调匀即可。

产后食用，消肿散瘀的秘密武器

莲藕米糊

特色搭配美味小品

田艾糍粑 / **179**

老中医告诉你这样养：

　　熟藕性温味甘，主补中焦，养神、益气力。藕生食能清热润肺、凉血行瘀；熟吃可健脾开胃、止泻固精。糊状的莲藕容易吸收，营养全面，因此莲藕米糊适合孕妇食用，可很好的缓解孕期食欲不振及体虚、疲乏等症状。

营养师指导你这样喝：

　　在块茎类食物中，莲藕含铁量较高，可以预防缺铁性贫血。莲藕的含糖量不高，含有大量的维生素C和食物纤维，适于肝病、便秘、糖尿病等患者长期食用。另外莲藕中富含维生素K，有收缩血管和止血的作用。

贴心小提醒

由于生藕性偏凉，故产妇不宜过早食用。产后1~2周后食用可以消肿散瘀。
煮藕时忌用铁器，以免引起颜色发黑。

一杯健康米糊，带来孕期好心情

菠萝苹果米糊

特色搭配美味小品
花生饼干／180

老中医告诉你这样养：

　　菠萝味甘性平，有健脾和胃、消肿祛湿、消食止泻的功效，能辅助治疗中暑、烦渴、消化不良、单纯性腹泻、咳嗽痰喘等症状；苹果有生津止渴、润肺除烦、健脾益胃、养心益气、润肠、止泻、解暑的作用。两者结合可以使生津止渴、除烦除忧的功效倍增，还能缓解孕期的烦躁感。

营养师指导你这样喝：

　　1.菠萝中所含的蛋白质分解酵素可以分解蛋白质帮助消化。菠萝的诱人香味有刺激唾液分泌，增进食欲的功效。

　　2.苹果含有的纤维和锌能促进胚胎的大脑发育，增强孕妈妈记忆力。

材　料

菠萝肉……100克
大米……100克
苹果……1个
冰糖……适量

做　法

1 苹果洗净，去皮及核，切成小丁；菠萝肉切成小丁；大米淘洗干净，沥去水分。

2 把大米放入豆浆机内，加清水至下水位线，浸泡8小时，加入菠萝丁、苹果丁，按"米糊"键打成米糊，再加入适量冰糖搅匀即可。

材 料

大米……100克
桂圆……10颗
红糖……适量

做 法

1 桂圆去核，切碎；大米淘洗干净，沥去水分。

2 将大米倒入豆浆机内，注入清水至上、下水位线间，浸泡8小时，再加入桂圆肉。

3 按常法反复打成糊，加入红糖调匀即可。

产后补血益气的上佳饮品

桂圆米糊

特色搭配美味小品

港式蛋挞 / 181

老中医告诉你这样养：

桂圆性温味甘，有益心脾、补气血的功效，是滋补圣品，能辅助治疗心脾虚损导致的失眠、惊悸、怔忡等症。产后女性容易脾胃虚弱，饮用本品既能补脾胃之气，又能补营血不足，是产后非常好的营养食品。

营养师指导你这样喝：

桂圆含有丰富的葡萄糖、蔗糖和蛋白质，含铁量也比较高，可在提供能量、补充营养的同时促进血红蛋白再生，从而达到补血的效果。研究发现，桂圆肉还能增强记忆、消除疲劳。

贴心小提醒

❶此款米糊适合产后女性，孕期女性禁食。

❷内有痰火及湿滞停饮者忌服。

补血助消化，美味健康巧搭配

苹果葡萄汁

特色搭配美味小品

红茶面包 / **183**

老中医告诉你这样养：

中医认为葡萄性平，味甘酸，有补气血、益肝肾、生津液、强筋骨、止咳除烦、补益气血、通利小便的功效；苹果可以养心安神，搭配葡萄一起食用可很好的提高孕妇睡眠质量，为准妈妈提供充沛精力，安心待产。

营养师指导你这样喝：

葡萄有"植物奶"之称。葡萄中含较多的酒石酸，有帮助消化的作用。同时葡萄是含复合铁最多的水果，可预防孕期贫血。另外常吃葡萄对神经衰弱者和过度疲劳者均有益处，也是孕期妇女较理想的饮品。

贴心小提醒

❶葡萄及苹果含糖量高，因此糖尿病患者应慎用。
❷脾胃虚寒者不宜多食。

材 料

葡萄……150克
苹果……1/2个

做 法

1 葡萄洗净，去皮、籽；苹果洗净，去皮、核，切块。

2 将葡萄、苹果块放入榨汁机中，加适量水榨汁即可。

黄豆……50克

大米……25克

花生仁……15粒

核桃仁……适量

白糖……适量

做 法

1 黄豆加水泡至发软，捞出洗净；大米淘洗净。

2 将大米、花生仁、核桃仁、黄豆放入全自动豆浆机中，添水搅打成豆浆。

3 将豆浆过滤，加入适量白糖调匀即成。

干果最养人，吃出健康不生病

核桃花生豆浆

特色搭配美味小品
千层蛋糕／**189**

老中医告诉你这样养：

　　核桃性温味甘，无毒，有健胃、补血、润肺、养神的功效；花生性味甘平，有健脾和胃、利肾去水、扶正补虚、理气通乳、悦脾和胃、润肺化痰、滋养调气的作用。核桃、花生、黄豆搭配，各自功效互相糅合，营养与食疗价值倍增，是孕产妇养身、补虚、通便的好选择。

营养师指导你这样喝：

　　核桃和花生均含有丰富的磷脂和锌，可促进胎儿的大脑发育，此外，磷脂还是细胞膜的必要组成成分，可促进宝宝的生长发育。花生含有丰富的钙质，有促进胎儿骨骼发育的作用。

贴心小提醒

❶痰火积热或阴虚火旺者忌服，高脂血症患者应少食或不食。

❷花生仁的红皮很有营养，应一起食用。

西洋参莲子茶

材 料

西洋参……5克
莲子……10粒
冰糖……适量

做 法

1 将西洋参和莲子分别洗净，沥干水分，备用。

2 在砂锅中加入水，放入西洋参和莲子炖煮1小时。

3 最后加入冰糖再炖煮10分钟，倒出后可将莲子捞起食用，并饮用茶汤即可。

功 效

　　此款茶饮最适合脾虚体弱的高血压患者饮用。

松仁核桃茶

材 料

松子仁……15克
核桃仁……15克
蜂蜜……适量

做 法

1 将松子仁、核桃仁泡水去皮，再研成粉状。

2 冲入500毫升沸水，调入蜂蜜拌匀饮用即可。

功 效

　　松子仁与核桃仁自古就有"长寿果"的美称，含有丰富的不饱和脂肪酸、维生素与矿物质，能壮阳补骨、健脑、补五脏；蜂蜜具有滑肠通便及抗衰老的作用。

最适合搭配豆浆米糊果蔬汁的

特色小品

主食

虾酱窝头

◆ 材料 ◆ 玉米面350克，面粉150克，猪肉末50克，虾酱50克。
◆ 调料 ◆ 植物油、盐、味精、葱花各适量。

做法

[1] 玉米面、面粉加水和成面团，搓成条，做成剂子。
[2] 将剂子揉圆后，用大拇指按进面团里，边转边捏，做成一个中空的小尖锥。
[3] 蒸锅置火上，放入窝头生坯，上汽后蒸15分钟即可。
[4] 炒锅内放植物油加热，放入肉末，炒散后加入虾酱、盐、味精，炒匀，撒上葱花，盛出备用。
[5] 窝头摆放在盘子四周，中间放入炒好的虾酱肉末即可。

牛奶馒头

◆ 材料 ◆ 中筋面粉300克，牛奶适量。
◆ 调料 ◆ 白醋、植物油、泡打粉、发酵粉、白糖各适量。

做法

[1] 用温水将白糖化开，加入发酵粉搅拌均匀倒进中筋面粉内，加泡打粉、白醋、植物油、牛奶充分搓揉和成面团，盖上干净的湿布，放在一旁饧50分钟。
[2] 将发酵好的面团用擀面杖擀平，卷成长条，用刀切成相同大小的块，再静置发酵30分钟。
[3] 蒸锅置火上，将馒头生坯放入锅中大火蒸20分钟即可。

菊花包

◆ 材料 ◆ 自发面粉500克，莲蓉馅300克。

做法

[1] 自发面粉放入盆中，加水揉匀成面团，搓条，切剂子，压成面皮。

[2] 包入莲蓉馅，收紧封口，做半圆形馒头，包口朝下，用小剪刀自下而上一层层转圈剪出菊花瓣状即成生坯。

[3] 蒸锅置火上，放入菊花包生坯，用大火蒸15分钟即可。

> **贴心小提醒**
>
> 按照这样的方法剪出不同的花瓣，可以做成梅花包、月季包等。

开花发糕

◆ 材料 ◆ 玉米粉100克，低筋面粉60克，泡打粉5克。

◆ 调料 ◆ 白糖适量。

做法

[1] 将玉米粉、低筋面粉和泡打粉混合，加入白糖和水搅拌成面糊。

[2] 将面糊倒入模具内；锅内倒水烧沸，将装有面糊的模具放入蒸屉上。

[3] 用大火蒸15分钟即可。

> **贴心小提醒**
>
> 搅拌面糊时不要一次性加入大量水，要边搅拌边加水，直到面糊薄薄地挂在筷子上慢慢滴落为最佳。

什锦糖包

◆ 材料 ◆ 面粉1000克，核桃仁、瓜子仁、蜜枣、花生仁、葡萄干、瓜条、芝麻、青梅、青红丝、甜姜各适量。

◆ 调料 ◆ 白糖、桂花酱、发酵粉、食用碱、食用红色素各适量。

做法

[1] 发酵粉用温水化开，加面粉和成面团，静置发酵。

[2] 核桃仁、花生仁、瓜子仁、蜜枣、葡萄干、瓜条、青梅、青红丝、甜姜切丁，与白糖、芝麻、桂花酱搓成馅。

[3] 面团发酵后，加入食用碱揉匀，搓成长条，揪成小剂；将剂子擀成中间稍厚的圆皮，然后一手托皮一手打馅，包成糖包，上面点上食用红色素，上屉用大火蒸约15分钟至熟即可。

 # 豆沙包

◆ 材料 ◆ 面粉400克，豆沙馅300克。

◆ 调料 ◆ 食用碱、发酵粉各适量。

做法

[1] 将面粉、发酵粉、食用碱用温水和成面团，发酵2小时。

[2] 将面团搓成条，揪成面剂子，擀成中间厚边缘薄的圆皮，放入豆沙馅，收紧开口，揉成半圆形的豆沙包生坯。

[3] 将生坯放入蒸笼中，用大火蒸15分钟即可。

贴心小提醒

豆沙好吃又养颜，可以在超市买到，也可以自己动手做。将红豆煮烂，沥去水分，加入白糖，再用勺子将红豆一点一点压成泥，加油炒干即可。

水晶麻团

◆ 材料 ◆ 汤圆粉500克，猪油、澄粉各100克。
◆ 调料 ◆ 植物油、白糖、莲蓉、白芝麻各适量。

做法

[1] 将莲蓉搓条，切成小剂子做成馅。
[2] 汤圆粉、猪油、白糖、澄粉放入容器中，加水搅拌均匀，搓至表面光滑，切成小剂子，包入馅，粘上白芝麻做成球形。
[3] 锅内放油烧至六成热，把麻团放入锅中，炸至浮起，再用中火炸至金黄色即可。

芝麻年糕

◆ 材料 ◆ 糯米粉250克，糖桂花150克，黑芝麻20克，米粉100克。
◆ 调料 ◆ 白糖适量。

做法

[1] 将糯米粉和米粉加清水揉成面团，放入蒸笼里蒸10分钟，取出后反复揉捏，然后擀成1.5厘米厚的饼条。
[2] 将芝麻炒熟，取出一部分用擀面杖擀碎，加入白糖和糖桂花拌匀。
[3] 将芝麻糖均匀地撒在饼条上，卷起来，两头再粘上黑芝麻，放进烤箱中用高火烤5分钟即可。

吐丝艾窝窝

◆ 材料 ◆ 黑糯米500克，葡萄干20克，核桃仁、瓜子仁、山楂糕各10克。
◆ 调料 ◆ 白糖、桂花酱各适量。

做法

[1] 黑糯米淘洗干净，用清水浸泡6小时，入笼蒸熟，取出；山楂糕切丁；核桃仁切碎末。

[2] 黑糯米饭加白糖搅拌至起胶，加入桂花酱、葡萄干、核桃仁、瓜子仁、山楂糕搅拌均匀，稍微放凉。

[3] 搓成球形，用糖丝做装饰即可。

驴打滚

◆ 材料 ◆ 糯米粉100克，豆馅750克，黄豆粉150克。
◆ 调料 ◆ 白糖水150毫升，桂花5克。

做法

[1] 糯米粉用水和成面团，蒸锅上火烧沸，笼上铺湿布，将和好的面团放在蒸布上，盖上锅盖，上笼大火蒸40分钟。

[2] 黄豆粉炒熟；白糖水、桂花兑成糖桂花汁。

[3] 将糯米面粘上黄豆粉，擀成片，抹上豆馅，卷成筒形，再切成小块，浇上糖桂花汁即可。

豌豆黄

◆ 材料 ◆ 白豌豆1000克，红枣150克。
◆ 调料 ◆ 白糖、食用碱、琼脂各适量。

做法

[1] 将白豌豆洗净，入清水中浸泡3小时，去皮碾碎；红枣洗净，入锅煮烂，制成枣汁备用。

[2] 锅内加水烧沸，下入白豌豆粒、食用碱烧沸，转小火煮约1小时，成稀糊状，倒出，过滤成豌豆细泥。

[3] 锅上火，将豌豆泥入锅，加入白糖、红枣汁、琼脂搅拌均匀至粘稠，倒入不锈钢盘子里，晾凉，盖上保鲜膜，放入冰箱，食用时用刀切成小块即可。

田艾糍粑

◆ 材料 ◆ 艾草、糯米粉各200克。
◆ 调料 ◆ 白糖、食用碱各适量。

做法

[1] 将艾草洗净；锅内加水烧沸，加少许食用碱，放入洗净的艾草，不要盖锅盖，用中小火保持水微沸，用筷子稍翻动艾草，使其受热均匀。

[2] 待叶子煮至青黝黝的，用手掐艾梗，绵软至一捏就断即可关火，将煮好的艾草入凉水中浸泡12小时，漂去苦味。

[3] 将艾草挤干水分，入搅拌机搅碎，加入糯米粉、白糖，倒入沸水，边倒边用筷子充分搅拌，待温度降下来后，用专用工具做成圆饼状，上笼蒸约30分钟即可。

🍴 夹心饼干

◆ 材料 ◆ 面粉500克，糖粉400克，饴糖100克，鸡蛋2个，植物油50克，猪油100克。

◆ 调料 ◆ 小苏打粉、氨粉、香精各少许。

🍴 做法

[1] 将面粉过筛倒在面案上，中间扒个窝，加入糖粉、小苏打粉、氨粉、香精、植物油、饴糖、鸡蛋和少许水，用手搅匀乳化后，将面粉和成面团。

[2] 将面团擀成0.3厘米厚的大片，用模子按成饼干坯，入烤炉烤熟后取出；再把糖粉加猪油搅匀涂在烤熟的饼干上，将两块饼干粘在一起即可。

🍴 花生饼干

◆ 材料 ◆ 面粉500克，鸡蛋3个，植物油100克，花生仁150克。

◆ 调料 ◆ 白糖200克，小苏打粉8克。

🍴 做法

[1] 面粉过筛倒在面案上，中间扒个窝，放入白糖、植物油、小苏打粉、鸡蛋液和少许水，用手搅匀乳化后把面粉和成面团，擀成约0.3厘米厚的大片。

[2] 面片用花刀切成小方块，逐块刷上水，粘上花生仁，摆在烤盘内，进炉烤熟呈黄色即可。

香芋玫瑰酥

◆ 材料 ◆ 中筋面粉250克，低筋面粉150克，糖粉60克，香芋泥、红豆沙各100克。

◆ 调料 ◆ 黄油、白糖各适量。

做法

[1] 中筋面粉、糖粉、香芋泥放入调盆内，加少许水、黄油，揉成面团；将低筋面粉、黄油、白糖揉成面团备用。

[2] 将低筋面团包入中筋面团中，擀成牛舌状，卷起来，10分钟后重复擀一次。

[3] 用刀切开擀好的酥皮，剖面向上，用手压扁，擀成圆形，包入红豆沙，收口朝下。

[4] 置入炉温为上火200℃、下火180℃的烤箱中，烘烤至变色即可。

港式蛋挞

◆ 材料 ◆ 中筋面粉500克，奶油275克，鸡蛋550克，粟粉15克，牛奶500毫升。

◆ 调料 ◆ 白糖450克，吉士粉20克，泡打粉4克。

做法

[1] 中筋面粉、泡打粉混匀倒在砧板上，中间开个窝，放入奶油、400克白糖，加入100克鸡蛋拌匀成面团，静置20分钟。

[2] 牛奶加清水、白糖煮沸成甜牛奶；余下的鸡蛋磕入碗内打匀成蛋液，与甜牛奶、粟粉、吉士粉搅匀成蛋奶糖水。

[3] 将每份面团放入菊花形模具中捏成蛋挞坯，舀入蛋奶糖水，置入炉温为上火160℃、下火180℃的烤炉中，烘烤至熟即可。

杏仁核桃酥

◆ 材料 ◆ 中筋面粉、低筋面粉各250克，猪油200克，花生仁碎、核桃仁各100克，熟杏仁碎20克。

◆ 调料 ◆ 白糖、奶油各100克，糕粉50克，植物油500克。

做法

[1] 核桃仁入油锅炸熟，碾碎，与白糖、糕粉、奶油拌匀成核桃馅。

[2] 中筋面粉加入75克猪油、适量清水，揉成水油酥面团；低筋面粉加入125克猪油，擦成干油酥面团；水油酥面团包入干油酥面团，擀成长方形薄片，叠三层，擀薄，再叠三层，顺长卷起，切成40个剂子。

[3] 将剂子擀薄，包入核桃馅，表面撒杏仁碎、花生仁碎，做成核桃酥生坯，置入200℃的烤箱烤熟即可。

椰香龙虾酥

◆ 材料 ◆ 中筋面粉、低筋面粉各250克，猪油200克，椰蓉300克，奶油120克，糕粉100克，鸡蛋6个。

◆ 调料 ◆ 白糖250克，白芝麻适量。

做法

[1] 椰蓉用沸水拌匀，稍凉，磕入5个鸡蛋，加入白糖、奶油、糕粉拌匀成椰蓉馅；余下的鸡蛋打匀成蛋液。

[2] 中筋面粉加入75克猪油、适量清水，揉成水油酥面团；低筋面粉加入125克猪油，擦成干油酥面团；水油酥面团包入干油酥面团，擀成长方形薄片，折三层，擀薄，再折三层，再擀成薄片，顺长卷成条状，切成剂子，擀皮，包入椰蓉馅，搓成椭圆状饼坯，用快刀横划9刀，即成龙虾酥生坯。

[3] 生坯刷蛋液，撒上白芝麻，入烤炉，烤至金黄色。

香草全麦面包

◆ 材料 ◆ 强力粉350克，全麦粉150克。

◆ 调料 ◆ 盐、香草、巴马干酪各适量，发酵粉10克。

做法

[1] 将除香草、干酪外的全部原料投入调粉机内，低速搅拌3分钟后转中速搅拌3分钟，再高速搅拌4分钟，制成面团。

[2] 面团放在30℃环境中发酵60分钟，分割成小块，将面团沿四角方向拉抻成面片，撒上切碎的香草和干酪，并且卷成长条形。

[3] 将面包生坯放在温度为40℃的环境中发酵30分钟，然后再放入260℃烤箱烘烤10分钟即可。

红茶面包

◆ 材料 ◆ 强力粉450克，薄力粉50克，牛奶250毫升，蛋黄5个，红茶250毫升。

◆ 调料 ◆ 黄油50克，白糖、盐、发酵粉各适量。

做法

[1] 将除黄油外的其他材料和调料放入调粉机内，低速搅拌3分钟，再中速搅拌2分钟后转高速搅拌1分钟；放入黄油，低速搅拌3分钟，转中速搅拌2分钟，再高速搅拌1分钟。

[2] 面团在30℃温度下发酵90分钟后加少许面粉揉匀，再发酵30分钟，分割成80克的橄榄形面包生坯，静置30分钟。

[3] 生坯放入模具内，在36℃条件下发酵60分钟，表面切口后放入烤箱，上下火225℃，烘烤12分钟即可。

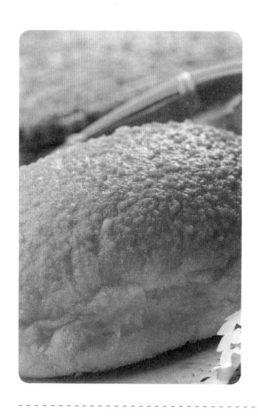

🍴 土豆面包

◆ 材料 ◆ 强力粉500克，土豆225克，橄榄油适量。

◆ 调料 ◆ 发酵粉、白糖、盐各适量。

🍴 做法

[1] 土豆洗净，煮熟后去皮，再切成1厘米见方的小块。

[2] 强力粉与发酵粉、白糖、盐混合搅匀并且过筛，加入土豆块混合，然后加入水轻轻揉成面团。

[3] 面团在30℃条件下发酵40分钟，分割成块。

[4] 将面块揉成土豆形状后，放入烤盘中，放在33℃环境中发酵40分钟，表面撒上强力粉，使用带针的面棒在两处开小孔，再刷上橄榄油，放入220℃的烤箱中烘烤25分钟即可。

🍴 蔬菜黄油面包

◆ 材料 ◆ 高筋面粉500克，中筋面粉300克，胡萝卜、西芹、咸肉、葱各适量。

◆ 调料 ◆ 盐、胡椒粉、黄油、全麦粉、盐、面粉改良剂、活性干酵母、麦芽浆、发酵面团各适量。

🍴 做法

[1] 胡萝卜、葱、西芹和咸肉分别洗净，切丝，与黄油、盐和胡椒粉混合调匀，制成调味蔬菜黄油酱。

[2] 将面粉和所有调料倒入调粉机中，制成面团，在室温下发酵30分钟。

[3] 将发酵面团分割成50克1个的剂子，搓圆，在室温下静置20分钟后放入发酵箱中，在33℃的条件下发酵50分钟。每个面包顶部加上适量的蔬菜黄油酱，放入烤箱中烘烤25分钟即可。

🍴 土耳其面包

◆ 材料 ◆ 高筋面粉500克。

◆ 调料 ◆ 盐、鸡蛋液、白芝麻、发酵粉各适量。

🍴 做法

[1] 发酵粉用适量温水化开备用。

[2] 将高筋面粉、盐、发酵粉溶液和适量温水放入调粉机中，中速搅拌10分钟。

[3] 经调制的面团在室温下发酵20分钟。

[4] 将发酵面团分割成小块，撒上面粉搓圆，静置5分钟。

[5] 将静置后的面团擀成直径15厘米的圆形面片。

[6] 入炉前在面坯表面均匀地涂上蛋液，撒上白芝麻，放入300℃的烤箱内，将面坯直接放在炉板上烘烤4分钟，待面坯膨胀、表面上色后取出即可。

🍴 芝士面包

◆ 材料 ◆ 高筋面粉300克，鸡蛋5个，火腿肠适量。

◆ 调料 ◆ 白糖、发酵粉、盐、香精、芝士各适量。

🍴 做法

[1] 将鸡蛋打散，与面粉、白糖、发酵粉、盐、香精及清水一同放入搅拌器中搅拌成面团。

[2] 将搅好的面团取出，放在砧板上反复揉搓至坚韧有弹性，再切成小剂子，揉成小面团，每个面团裹一根火腿肠和适量芝士。

[3] 将面包生坯放在烤盘上，放入烤箱，200℃烤20分钟即可。

 蛋糕

 凤梨妙芙

◆ 材料 ◆ 面粉200克，鸡蛋5个，凤梨果酱100克。
◆ 调料 ◆ 黄油适量。

做法

[1] 黄油隔水加热融化和水一起，倒入面粉快速搅拌。

[2] 将鸡蛋打散，分5次加入黄油面粉中搅匀制成酥皮糊。

[3] 将搅好的酥皮糊装入裱花袋中，然后挤入模具中，放入烤盘。

[4] 将烤盘入烤箱中180℃烤10分钟，取出晾凉，挤入果酱即可。

红枣蛋糕

◆ 材料 ◆ 鸡蛋600克，奶油560克，低筋面粉500克，无核红枣150克。
◆ 调料 ◆ 白糖400克、泡打粉5克。

做法

[1] 取100克红枣放入水中煮熟，用果汁机搅烂制成红枣末；剩下的50克红枣洗净，切碎。

[2] 将奶油、白糖一起倒入搅拌缸中搅至膨松，磕入鸡蛋继续搅至松发，拌入低筋面粉、泡打粉、红枣末，最后再拌入切碎的红枣，制成蛋糕糊。

[3] 将蛋糕糊倒入长方形模具中，置入烤箱中烤制，上火温度为180℃、下火为150℃，烘烤约50分钟，取出晾凉后切块即可。

葡萄蛋糕

◆ **材料** ◆ 鸡蛋600克，奶油560克，低筋面粉500克，奶粉50克，葡萄干300克。
◆ **调料** ◆ 白糖460克、泡打粉5克。

做法

[1] 奶油、白糖一起倒入搅拌缸搅至膨松，磕入鸡蛋继续搅至松发，拌入低筋面粉、奶粉、泡打粉，再拌入葡萄干即成蛋糕糊。

[2] 将蛋糕糊倒入长方形模具中，置入炉温为上火180℃、下火150℃的烤箱中，烘烤约50分钟，取出晾凉后切片即可。

> **贴心小提醒**
>
> 葡萄干含有多种维生素和矿物质，常食对神经衰弱和过度疲劳者有较好的补益作用，还是妇科病的食疗佳品。

胡萝卜蛋糕

◆ **材料** ◆ 蛋液250克，奶油520克，低筋面粉500克，杏仁粉150克，胡萝卜200克，柠檬皮1个。
◆ **调料** ◆ 香草香精适量、白糖460克、泡打粉5克。

做法

[1] 胡萝卜、柠檬皮分别洗净，切成丝。

[2] 奶油、白糖、香草香精、蛋液一起倒入搅拌缸搅至膨松，加泡打粉、杏仁粉，再拌入胡萝卜丝、柠檬丝，制成蛋糕糊。

[3] 将蛋糕糊倒入圆形模具中，置入炉温为上火180℃、下火150℃的烤箱中，烘烤约50分钟，出模即可。

酸奶鲜果蛋糕

◆ 材料 ◆ 原味酸奶、蓝莓酱各1罐，猕猴桃3片，红樱桃4颗，鸡蛋2个。

◆ 调料 ◆ 白糖、面粉、玉米粉、鲜奶油、牛奶、柠檬汁各适量。

做法

[1] 红樱桃洗净；白糖放入容器中，打进2个鸡蛋搅拌至白糖完全溶化后加入面粉、玉米粉，用筷子搅拌成面糊。

[2] 取一小部分面糊，加入一半鲜奶油和牛奶拌匀，再加入剩下的面糊，搅拌均匀后加入柠檬汁拌匀，倒入模具中，覆盖保鲜膜扎孔，用微波高火加热15分钟即成蛋糕。

[3] 将蛋糕涂上奶油放入器皿中，然后将剩余的鲜奶油、牛奶和蓝莓酱、原味酸奶、猕猴桃片、红樱桃装饰在蛋糕上即可。

布朗尼蛋糕

◆ 材料 ◆ 鸡蛋3个，巧克力100克，低筋面粉150克，可可粉30克，核桃仁碎70克。

◆ 调料 ◆ 无盐奶油、白糖、盐各适量。

做法

[1] 将奶油加白糖、盐混合，打发至乳白色，再分三次加入鸡蛋液拌匀。

[2] 巧克力切小块，隔水加热至融化。

[3] 将融化的巧克力放凉，加入拌好的奶油中拌匀。

[4] 将低筋面粉、可可粉过筛，加入巧克力奶油中，轻轻拌匀。

[5] 在烤模具中铺好油纸，倒入面糊，抹平表面，撒上核桃仁碎，入烤箱中，170℃烤30~35分钟，取出晾凉，切块即可。

🍴 瓜子仁蛋糕

◆ 材料 ◆ 西瓜子100克，鸡蛋2个(取蛋黄)，低筋面粉50克，奶粉10克。
◆ 调料 ◆ 无盐奶油、白糖、牛奶、泡打粉各适量。

🍽 做法

[1] 西瓜子去皮备用。
[2] 无盐奶油在室温下软化，加入白糖搅拌至完全融化。
[3] 分次加入蛋黄、牛奶，快速搅拌均匀，制成蛋黄糊备用。
[4] 用细筛筛入低筋面粉、泡打粉、奶粉，稍拌，加入剥好的瓜子仁，拌成蛋糕面糊。
[5] 将蛋糕面糊入纸杯内约8分满，入烤箱180℃烤30分钟即可。

🍴 千层蛋糕

◆ 材料 ◆ 鸡蛋1500克，白糖950克，蛋奶油55克，中筋面粉1050克。
◆ 调料 ◆ 香兰素、泡打粉各5克，饴糖310克。

🍽 做法

[1] 鸡蛋磕入搅拌缸中，加入白糖搅拌至白糖溶化，倒入中筋面粉、泡打粉、香兰素搅匀，再加入蛋奶油继续搅拌，倒入饴糖、清水，快速打发成面糊，分成7份。
[2] 烤盘内先倒入1份蛋面糊，刮平，置入炉温为上火200℃、下火110℃的烤箱中烘烤成金黄色，取出烤盘。
[3] 再倒入1份蛋面糊，刮平，再烘烤，如此交替六次，制成千层蛋糕，取出晾凉，切成方块即可。

喝出健康好体质：
豆浆 米糊 果蔬汁 花草茶

面点制作	王晓丽 李 娟 刘 颖 任媛媛
摄 影 师	刘志刚 于 笑 范姝岑 肖 亮
协助拍摄	大麦文化传播有限公司
图片提供	北京全景视觉网络科技有限公司
	上海富昱特图像技术有限公司